教你看懂現象、找對廠商、用對工法、選對材料
到驗收不再白花錢一次搞定

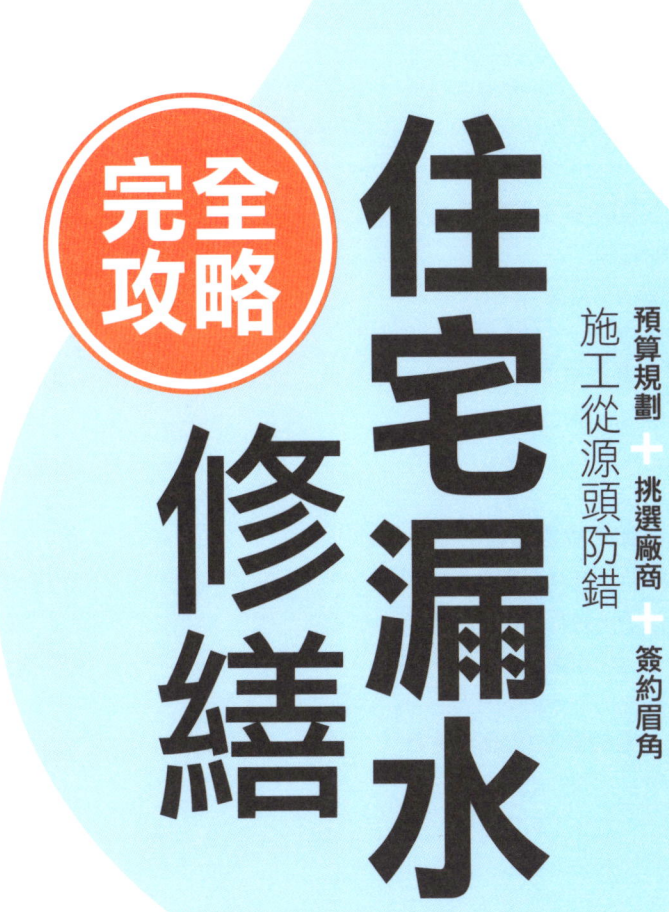

住宅漏水修繕完全攻略

施工從源頭防錯

預算規劃 ＋ 挑選廠商 ＋ 簽約眉角

i室設圈｜漂亮家居編輯部

Chapter 1 防水、抓漏的基本觀念　　6

一、不同屋型、屋種常出現的問題　　8
Point 1　屋型：公寓、華廈、大樓、透天厝　　8
Point 2　屋種：新成屋、中古屋、老屋　　9

二、漏水、滲水、壁癌的關聯　　10
Point 1　水的來源？　　10
Point 2　水對居住環境的影響　　12
Point 3　常見漏水位置　　14
Point 4　如何判斷是否漏水　　24
Plus　　 你家會不會漏水？1分鐘自測表！　　25

三、防水和抓漏的差異　　26
Point 1　防水　　26
Point 2　抓漏　　27

四、漏水檢測方式　　28
Point 1　傳統測漏　　28
Point 2　科技測漏　　29

五、如何挑選適合的施工單位　　30
Point 1　去哪裡找？　　30
Point 2　合理價格　　31
Point 3　專業能力　　31

六、簽約要點與施工規範　　32
Point 1　簽約前討論要點　　32
Point 2　施工相關規範　　33

Plus 漏水糾紛處理及法律問題	34
Point 1　隔壁／上下樓漏水責任劃分	34
Point 2　購屋漏水權責糾紛	35
Point 3　如何避免購屋時的漏水爭議	36
Point 4　漏水OUT！住家防漏檢查清單	36

Chapter 2　下雨時，窗台下方出現水漬　38

一、漏水成因	40
二、施工材料	44
三、施工費用	45
四、工期規劃	45
五、如何抓漏	46
六、防水對策	50
七、防水實例	56
Plus 常見問題 Q&A	60

Chapter 3　外面下雨，牆面出現滲水痕跡　62

一、漏水成因	64
二、施工材料	68
三、施工費用	69
四、工期規劃	69
五、如何抓漏	70
六、防水對策	74
七、防水實例	78
Plus 常見問題 Q&A	80

Chapter 4 沒下雨，家裡卻下小雨 … 82

一、漏水成因 … 84
二、施工材料 … 90
三、施工費用 … 91
四、工期規劃 … 91
五、如何抓漏 … 92
六、防水對策 … 96
七、防水實例 … 116
Plus 常見問題 Q&A … 118

Chapter 5 不論下雨與否，管道間都在滲水 … 120

一、漏水成因 … 122
二、施工材料 … 126
三、施工費用 … 126
四、工期規劃 … 127
五、如何抓漏 … 128
六、防水對策 … 130
七、防水實例 … 132
Plus 常見問題 Q&A … 134

Chapter 6 地面常有不明積水 136

一、漏水成因　138
二、施工材料　142
三、施工費用　143
四、工期規劃　143
五、如何抓漏　144
六、防水對策　148
七、防水實例　154
Plus 常見問題 Q&A　158

Chapter 7 牆面油漆出現氣泡、鼓起 160

一、壁癌成因　162
二、施工材料　164
三、施工費用　164
四、工期規劃　165
五、如何抓漏　166
六、除壁癌對策　168
七、除壁癌實例　170
Plus 常見問題 Q&A　172

附錄一　防水工程報價與保固範本　173
附錄二　本書諮詢設計師　175

Chapter 1
關於漏水的基本觀念

插畫｜張小倫

維護環境、避免漏水是確保居家安全的重要一環。認識水如何滲進屋裡，同時，在修繕前掌握漏水檢測方式、簽約重點，可以幫助熟悉施工狀況，避免後續糾紛與不必要的支出。

一
不同屋型、屋齡常出現的問題

不同住宅類型與屋齡會帶來各種不同的漏水問題。了解這些屋況特徵和潛在風險，能幫助及早發現漏水狀況並制定有效的修繕計劃。

Point 1　屋型：公寓、華廈、大樓、透天厝

在台灣潮濕多雨、地震頻繁的環境下，公寓、華廈、大樓與透天厝等不同屋型，可能面臨的漏水問題如下：

屋型	問題
公寓、透天厝	最常見頂樓屋頂全面性漏水，包括以下幾種情況： 1. 若屋頂呈現水泥粗胚狀，可能原本就未施作防水層，或既有塗層已風化剝落而漏水。 2. 洩水坡度設計不良會造成屋頂積水時間過長，使水分逐漸滲入樓板。 3. 部分住戶加設植栽、魚池、空中花園或用磚砌盆栽，若未妥善處理防水層，植物根系或土壤壓力會壓裂樓板結構，進而造成漏水。 4. 住戶以非專業手法加蓋鐵皮或突窗，未調整排水路徑，亦容易破壞原有防水設計，甚至構成違建，增加漏水風險。

華廈、大樓	較常出現窗框滲水、外牆龜裂或磁磚劣化造成的問題，包含的現象為： 1. 邊間戶牆面面積大，受風雨衝擊容易滲水。 2. 樓板與牆體交界未做好防水層「上翻」（30 至 50 公分），雨季時水可能從裂縫或結構接縫處滲入牆體。 3. 磁磚接縫未確實收邊或缺乏維護，雨水也會從縫隙滲入牆體，造成壁癌或塗層剝落，難以局部修復，需整棟協調包覆或重做外牆防水。 4. 共用排水設施如水塔或水表間漏水，若長期未察，也可能導致頂層住戶牆面滲水。

Point 2　屋種：新成屋、中古屋、老屋

不同屋齡的房屋，因建材老化程度、施工技術與使用狀況不同，所出現的漏水與壁癌問題也各有差異。

屋型	問題
新成屋	一般新成屋出現漏水問題的機率相對較低，但仍有值得留意的漏水現象，例如交屋初期，冷氣排水管線若轉折處銜接不良或壓接鬆動，造成滲水情形。此外窗框封邊、外牆接縫施作不實，也可能導致滲水。
中古屋	中古屋的防水層雖尚未完全失效，但常在入住後一段時間才逐漸發現水痕或濕氣，此種狀況因尚未造成明顯壁癌或剝落，而容易被忽略。
老屋	以防水層與結構層退化最為常見。特別是老公寓若未曾全面翻修防水層，幾乎都存在漏水風險。此類狀況多需打除原有地坪至結構面，重新施作打底、防水與地材鋪設，才能有效根治。

二
漏水、滲水、壁癌的關聯

漏水、滲水與壁癌常被視為三種不同的居家問題,但其實彼此密切相關,是同一連鎖反應中的不同階段。當水從屋外或管線滲入建物,若未即時處理,就會滲透至牆體內部,長期累積水分後導致牆面發霉、起泡、剝落,形成壁癌。

Point 1 水的來源

在居家環境中,水的來源大致可分為三類:外來水源、日常用水與結露水。

❶ 外來水源

・雨水
台灣為多雨氣候,當屋頂或外牆防水層老化或破損,雨水便可能滲入建築結構甚至室內。

・地下水
像是降雨、河川或湖泊的水滲透到地下後,形成的地下水常會從地層縫隙中滲入建築物下方,因此地下室出現漏水情形。

防水層老化、管線問題和結露水都可能造成漏水問題。
插畫/張小倫

❷ 日常用水

・給水管線
包含浴室、廁所、廚房流理台及陽台水龍頭所使用的冷、熱水管路。

・排水系統
涵蓋浴廁、水槽的排水與污水管線，以及冷氣運作時產生的冷凝水。

・儲水設施
如陽台或屋頂設置的池塘、泳池、魚池，或傳統型水塔等儲水裝置。

・易積水區域
例如盆栽擺放處、屋頂及露台花園等景觀空間，皆可能因排水不良而積水。

❸ 結露水

結露水可分為結構體表面的結露與結構體內部的結露兩種，通常是因環境濕度過高所引發。此類問題目前尚無法徹底根治，僅能透過預防性措施與局部處理抑制漏水現象發生。

裝修小知識

結露 vs 反潮

結露與反潮皆為潮濕現象，差別在於成因與出現位置不同。結露是空氣中的水氣遇到較冷表面凝結而成，常見於牆面、窗戶或天花板。反潮則僅發生在一樓地板，是土壤中的水氣在高溫時上升，滲入樓板後於表面凝結所致。

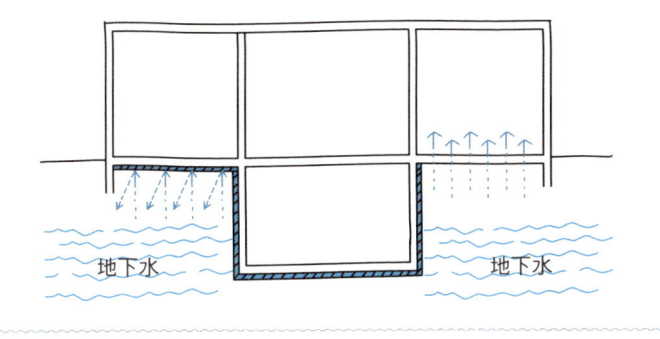

反潮是土壤水氣在高溫時上升從樓板浮出的現象。

地下水　　　　地下水

Point 2　水對居住環境的影響

空間中的水若未妥善處理，可能引發各類問題。如漏水會造成天花板或牆面破損，滲水則可能悄悄侵入建材內部，久而久之形成壁癌，導致牆面剝落、發霉，不僅影響居住品質，也對結構與健康造成潛在風險。

❶ 漏水

漏水是指水從建築外部或內部系統滲入結構體並影響室內空間的現象，例如牆面起泡、變色、油漆剝落或壁癌等。常見狀況包括屋頂、外牆窗框、浴廁、樓層間與地下室的滲水，原因可能來自防水層損壞，或是管線系統滲漏。通常在 RC 建築、磚造或木構建築的結構轉折、異材質交界與接縫處皆為漏水熱點。除了孔隙，毛細現象亦為主因之一，因此防水工程的重點在於有效阻斷毛細現象，而非追求沒有縫隙。

> **裝修小知識**
>
> **毛細現象**
>
> 毛細現象是指水沿細縫或細管上升的現象，來自水分子與壁面間的附著力，當大於重力時，甚至能讓水逆向移動。縫隙越細，水雖少但能上升越高。過於密實的防水層，在毛細現象與壓力作用下，反而可能導致漏水更嚴重。

❷ 滲水

滲水與漏水相比，更隱性、難察覺，常見原因包括颱風天雨勢加強、外牆防水不良、排水管堵塞、管線沿縫隙滲水，以及台灣濕熱氣候下形成的濕氣，於牆體或結構中產生積水、壁癌。若處理不當，長期滲水可能導致結構內部鋼筋鏽蝕、混凝土崩離，進而影響建築安全。處理方式包括觀察滲水位置與情況，從外部查找滲水源並修補，避免僅以內部灌注治標。

❸ 壁癌

是指建築牆體因水分滲入而導致的劣化現象，常見於透水性高的磚砌牆。水分滲入牆體後，會分解已硬化的水泥砂漿，析出其中的鈣、鉀、鎂等鹽類，這些物質與空氣中的二氧化碳反應後，形成白色結晶體，稱為「白華」或「析晶」，是水泥硬化物劣化的表現。

壁癌易擴散且難根治，不僅影響建築結構，也可能成為過敏原的溫床，危害居住者健康。處理壁癌最理想的方式是從外牆源頭阻絕水分，但在都市集合住宅中，因施工空間與需住戶同意等限制，往往無法從外側處理，只能改從室內施作，雖然無法像從外牆根本處理那樣徹底，仍可暫時緩解壁癌問題。

處理方式通常是先將壁癌刮除，再塗上具防水功能的彈性水泥阻擋水氣，接著批土、用砂紙打磨，最後塗上具抗霉效果的防水漆。這種方法施工簡單、成本較低，適合初期處理。但若日後壁癌再次出現，就需要請專業人員進行更深入的修繕。

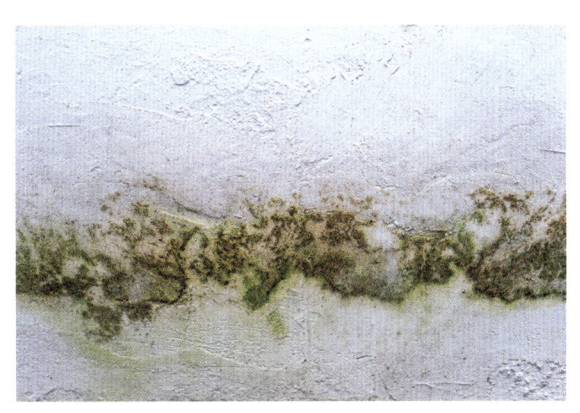

壁癌是指水分滲入牆體而導致的劣化現象。 圖片來源｜Freepik

Point 3 常見漏水位置

住宅因氣候變化、地震、施工不當或防水材料功能退化等因素，易出現漏水與壁癌問題。透過了解住宅內外部的漏水好發位置，有助於提早發現、及時處理，避免後續擴大損害。

❶ 建築外部

建築接合或共壁處

● 當兩棟房屋牆面緊密相連，且樓高不同時，常會因為以下原因導致漏水：

（1）磚牆透水性強
　　較高建築的磚牆本身透水性較強，若未妥善處理，容易產生滲水，甚至混凝土牆若有裂縫或蜂窩現象，也可能出現漏水。
（2）防水層位移
　　兩棟為獨立結構，若因地震或地基不均勻沉陷造成位移，防水層易因拉扯破裂，導致水分滲入。

以上解決方式是先於磚牆面施作防水層，於建物接縫處加裝金屬壓條與保護蓋板，並細部填縫收邊，同時預留防水層的伸縮空間，以因應未來可能的位移變化。

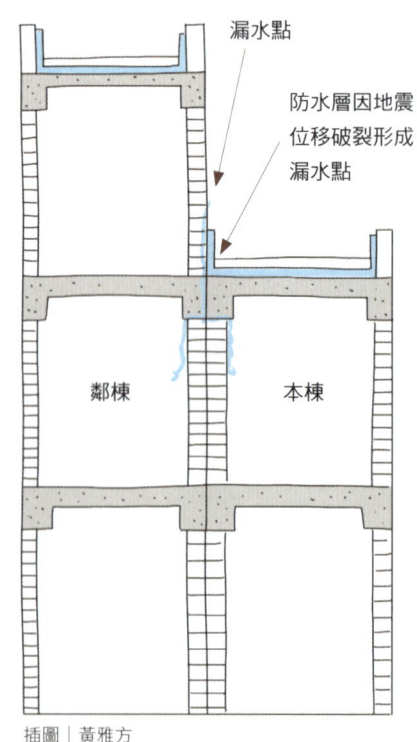

漏水點

防水層因地震位移破裂形成漏水點

鄰棟　本棟

插圖｜黃雅方

● 兩棟獨立建築之間的牆壁雖未直接相連,但間距非常狹窄,彼此靠得很近:

由於兩棟鄰近建築之間距離過小,無法從外側進行防水施工,導致雨水順著狹縫流入,長期下來造成漏水問題。解決方法是封閉兩棟建築上方的空隙,防止雨水落入,從源頭減少滲水風險。

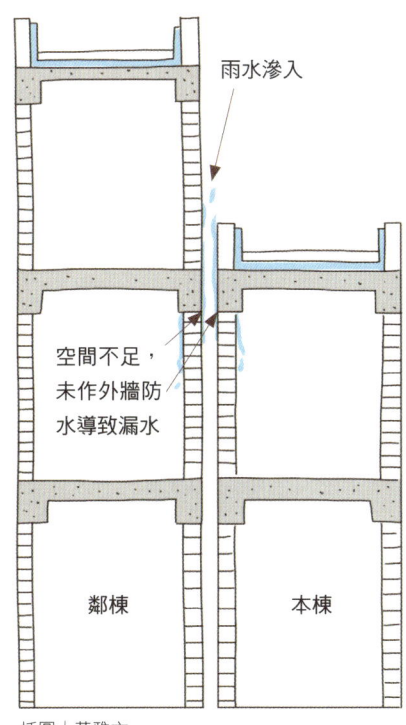

插圖｜黃雅方

屋頂、外牆

● 屋頂附加設施造成積水、外牆防水因外力破壞：

屋頂常見的漏水區域包括水塔底部、排水孔、女兒牆、園藝景觀以及魚池等；外牆常見的漏水原因包括冷氣開孔、牆面裂縫、遮雨棚、廣告看板固定裝置等，這些因素可能破壞原有的防水層：

1. 架設水塔、水箱、冷氣開孔、廣告看板：需注意結構體鑽洞是否破壞防水層，並採用植筋工法，才能避免雨水經由此洞滲入牆壁。
2. 排水孔：要注意高腳落水頭是否會被落葉和雜物堵住，造成積水，因此需定時清掃，排水口與壁面接縫的地方同時要做好防水措施。
3. 女兒牆：必須設計洩水坡度，並用金屬片包覆、於內側設置滴水，避免殘水流到外牆。
4. 園藝景觀、魚池：先做防水層後，表面再加做水泥覆蓋，而後施作斷根處理，如使用高拉力的斷根毯，杜絕植物的生長穿透。

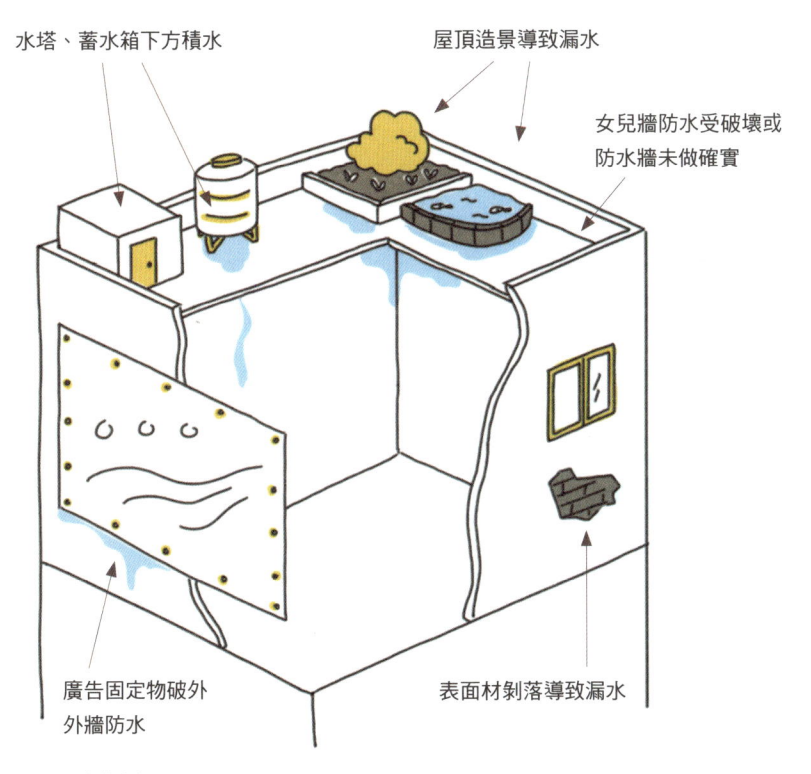

水塔、蓄水箱下方積水　　　屋頂造景導致漏水

女兒牆防水受破壞或防水牆未做確實

廣告固定物破外外牆防水

表面材剝落導致漏水

插圖｜黃雅方

❷ 室內外接壤處

對外窗

● 窗戶外側未設置排水坡度：

如果結構體及表面磁磚未設置排水坡度，雨水將會積聚。若矽利康老化或排水路徑未完全填補，當水量過多時，會通過裂縫直接滲入室內。解決方式為打掉漏水的窗框，另立新窗框，但窗框需確實填滿與牆之間空隙。

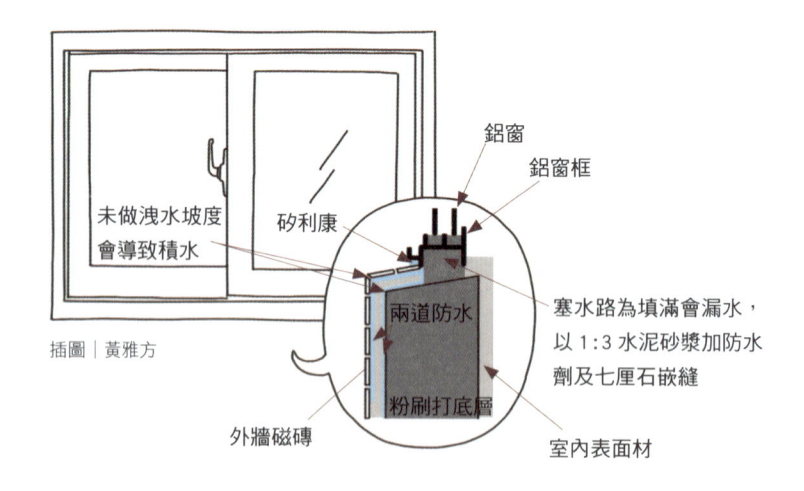

插圖｜黃雅方

未做洩水坡度會導致積水
矽利康
鋁窗
鋁窗框
兩道防水
塞水路為填滿會漏水，以 1:3 水泥砂漿加防水劑及七厘石嵌縫
外牆磁磚
粉刷打底層
室內表面材

陽台

● 地面漏水

導致漏水原因：
如果陽台上堆積雜物或設有水槽、洗衣機等設備，且排水孔與地面坡度未妥善設置，外來水分將難以排出。當有裂隙出現時，水分便可能滲入，長時間下來會破壞防水層，進而導致水漏至樓下。解決方式是重建結構面的防水層，才能根治。

插圖｜黃雅方

地面未做洩水坡度或防水受破壞。

● 陽台落地門

導致漏水原因為：
（1）陽台的地面通常要低於室內，若高於室內排水孔排水不及或堵塞時，陽台的水就會淹入室內。
（2）如果落地門鋁框與地面或牆面接合處未妥善封閉水路，水分將會從縫隙中滲入。解決方式是要做洩水坡度，幫助水排掉。

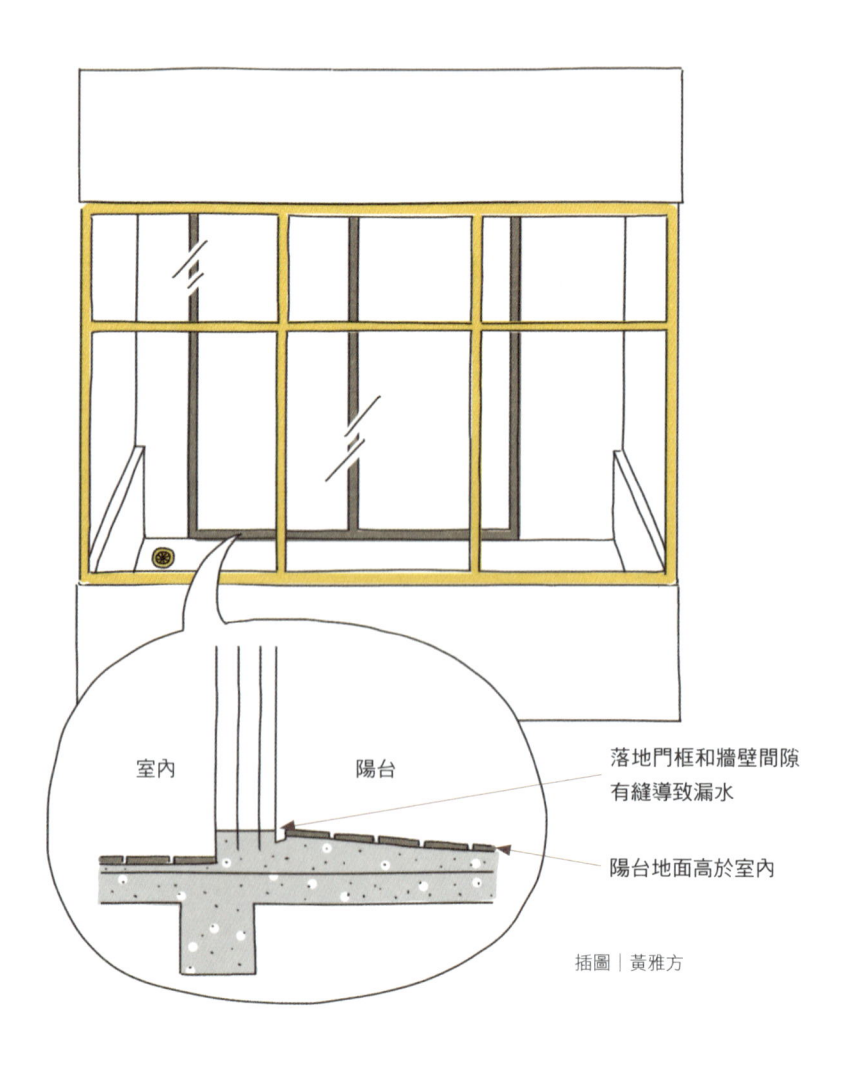

落地門框和牆壁間隙有縫導致漏水

陽台地面高於室內

插圖｜黃雅方

❸ 室內

衛浴空間

● 浴廁的地面及牆面：

浴廁的防水層應覆蓋地坪與牆面。地坪部分需全面施作防水層，而牆面的防水範圍則根據用水情況決定。一般來說，有淋浴設施的衛浴空間建議防水層至少從地面延伸至 180 至 200 公分。如果浴廁是以磚牆作為隔間，防水層則需從底部延伸至天花板。衛浴防水層通常在貼磚前，使用彈性水泥至少施作兩層。解決方式可以斷水工法重鋪泥作、以防水層阻斷水氣等。

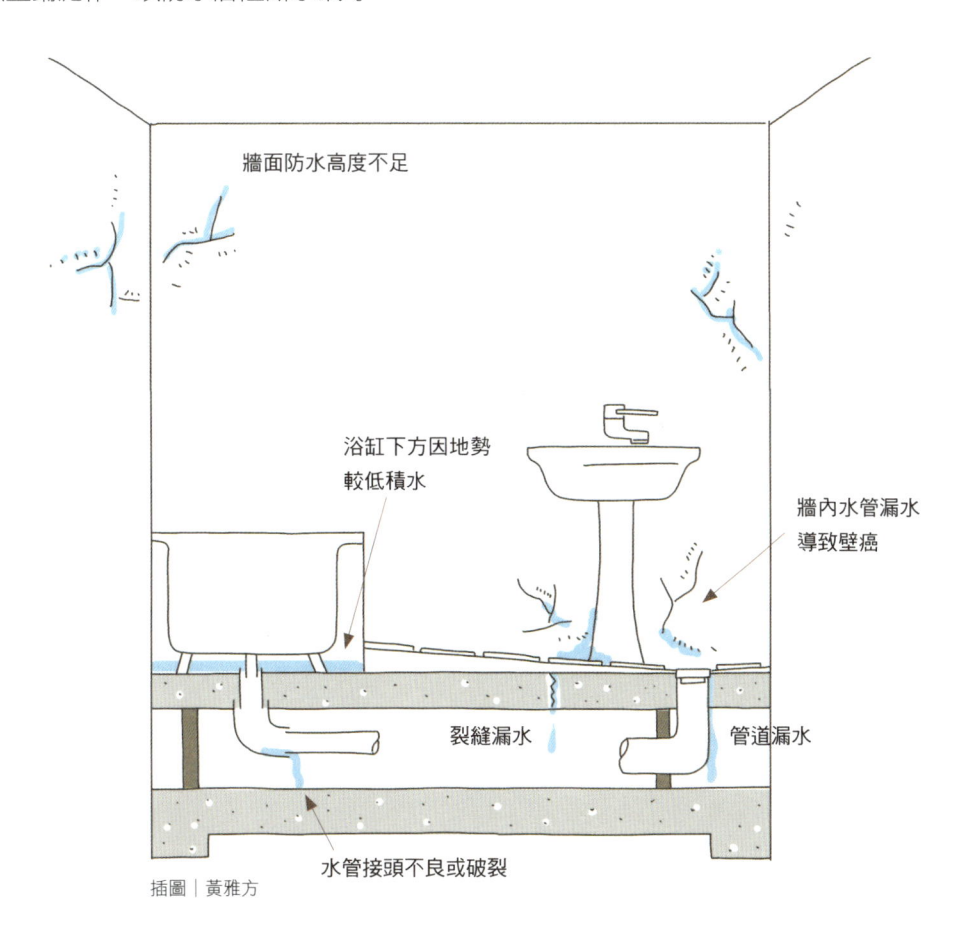

插圖｜黃雅方

廚房空間

● 水槽的地排：

廚房的防水層應包括地坪與牆面。地坪需全面施作防水層，牆面的防水範圍則根據用水情況局部施作。一般住宅廚房建議防水層至少從地面延伸至 90 至 120 公分。考慮到現代廚房大多配備現代化廚具，較少需要清潔牆面或地板，因此防水層通常使用彈性水泥，在貼磚前施作一層即可達到基本的防水效果，遇到牆面或有門檻的地方，防水層也要垂直地往上塗佈。

插圖｜黃雅方

天花板與隔間牆

● 天花板壁癌

（1）頂樓戶因為屋頂漏水，造成天花板出現壁癌問題。解決方式是用屋頂正壓式防水工法，施作一道防水 PU 底油、再一道防水 PU 中塗材，最後加上兩道防水 PU 面塗。

（2）雖然不是頂樓，但由於樓上其他區域的漏水，水分通過水泥的毛細作用滲入結構，造成潮濕並引發壁癌。解決方式是確實重做防水層。

● 隔間牆壁癌

濕氣過重使得水泥牆內的水分無法排出，於是引發壁癌。解決方式是重作防水層，避免濕氣導致壁癌。

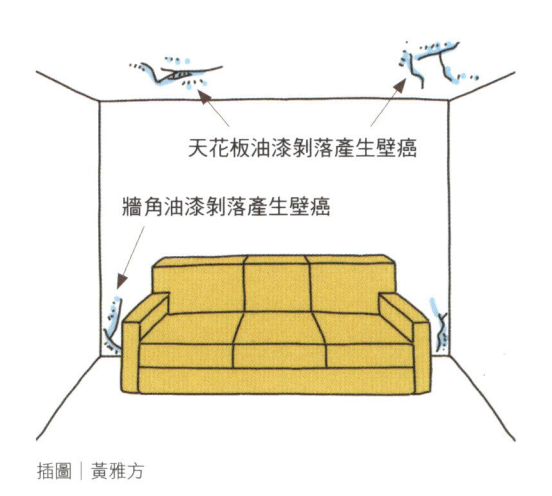

天花板油漆剝落產生壁癌

牆角油漆剝落產生壁癌

插圖｜黃雅方

Point 4 如何判斷是否漏水

了解不同情況下的滲漏源頭，能有效協助找出問題所在。無論是持續漏水、時間性變化的滲漏，還是僅在下雨時出現的漏水情形，都需要依據現象進行測試和觀察。藉由冷熱水管、排水管、防水層等區域的測試，能夠準確判斷漏水原因，並針對不同情況採取相應的修繕措施，避免漏水問題惡化。

❶ 持續的滲漏水

初步推測是冷熱水管漏水。此時應先關閉水表總閥，再將室內冷熱水龍頭打開，確保管道內有水壓，這樣漏水點才會顯現。測試通常以 48 小時為周期，若發現關水後漏水點停止或出水量減少，則可判斷為水管漏水。

❷ 有時間性或水量變化的滲漏

這可能是排水管、糞管、浴缸或地板裂縫的漏水。此時應堵住排水孔，防止水流下去，然後將水注入測試區域。測試時間為 2 小時，觀察漏水點的水量是否增大或保持不變。若水量增大，則可能是防水地板裂縫所致；若水量保持不變，再放掉水，若漏水點水量增大，則推測為排水管漏水。

❸ 下雨時才會漏水

這通常發生在窗戶、外牆、頂樓地板或管道間。

PLUS 你家會不會漏水？1分鐘自測表！

每項以 0 到 10 的數字評估嚴重程度，若單一現象超過 4 時，建議進行抓漏，或請專業人士協助評估處理。

判斷項目	嚴重程度
1. 天花板或牆面有水漬、剝落、變色或起泡	
2. 晴天也會看到牆面有水痕或濕氣	
3. 窗框周邊出現滲水、壁癌或裂縫	
4. 曾在颱風或大雨過後發現滲水情況	
5. 牆面磁磚縫變深、變色或脫落	
6. 地板（PVC 地磚、木地板）隆起、滑動或發出空心聲	
7. 浴室或廚房有發霉、長斑或油漆脫落現象	
8. 建築為加強磚造或老舊建物	
9. 曾進行過裝修或打牆、鑽孔等施工	
10. 牆角、梁柱交接處是否有裂縫或滲水？	
11. 地下室或地面出現積水或潮濕	
12. 冷氣、電線等出線口封口不良	
13. 屋頂、陽台或浴室曾發現排水不良或積水	
14. 住在兩棟相鄰建築之間，牆面緊貼或距離狹小	

三
防水和抓漏的差異

防水與抓漏雖然常被混淆,但其實有著本質的差異。防水是從根本上進行建築結構的保護,預防水分滲入;而抓漏則是針對已經出現漏水的問題進行修補。了解兩者的不同,有助於選擇正確的解決方案,避免問題反覆發生。

Point 1 防水

防水是針對整棟建築所做的全面性工程,通常在興建階段就已施作,以預防室內漏水。建築物內外容易受水氣侵襲的區域,如屋頂、外牆、地下室,以及廚房和衛浴間的牆體內,都應該設置防水層,以防止漏水問題的發生。

然而許多人往往忽視外牆或屋頂防水的重要性,一旦防水層受損,所帶來的後果可能使居住環境長期受到雨水或壁癌困擾。舉例來說,廣告看板固定用的膨脹螺絲雖未貫穿牆體,卻可能破壞外牆的防水層,進而對住戶造成困擾。而外牆磁磚脫落或壁癌問題,若住家位於中間樓層,且上、下樓層住戶不同意架設鷹架,或管委會不同意改動外觀,這時外牆防水問題又有不同的解決方式。

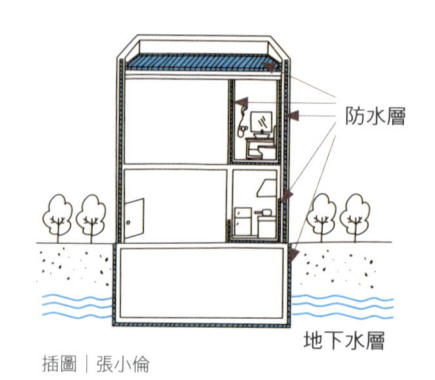

插圖│張小倫

防水工程通常提供較長的保固期，並且保固內容清晰、範圍較廣。專業的防水業者處理方式較為周全，可以避免只修一處漏水而其他地方再次漏水的情況。若要徹底解決漏水問題，必須從防水根本做起。因此，建築物應及早做好防水工作，而不是等問題出現後再進行抓漏。

Point 2　抓漏

所謂的「抓漏」工程，其實是一種針對漏水問題的局部修補方式，範圍僅限於已經發現的漏水區域。許多消費者會發現，當請抓漏師傅處理完 A 處的漏水後，A 處不再漏水，但周圍的 B 處卻開始出現漏水。這是因為抓漏只針對局部進行修繕，並非全面徹底的處理，因此業者只對修繕過的區域負責保固。若水流因 A 處修復而轉向 B 處，業者不需要對 B 處的新漏水負責，若需要再次修理，則需額外收費。

在台灣目前並沒有一套完整的防水或抓漏教育訓練系統，也缺乏相關的證照制度，通常只有防水技術協進會偶爾提供專業課程。即便是防水公司，多數也都是依靠自學積累專業知識；至於個體戶的抓漏師傅或水電師傅，他們的專業程度更難界定。如果施作人員不了解建築結構，單靠部分技術應對，可能會導致防水工程失敗。為了確保施工質量，最好還是選擇正規防水業者，他們的處理更為完善，且通常能提供較長的保固期。

四
漏水檢測方式

漏水問題需藉由適當的檢測方式找出源頭，目前常見方法可分為傳統檢測及科技檢測，兩者在精確度、操作方式與適用情境上各有不同，選擇合適的方式是修繕成敗的關鍵第一步。

項目	傳統檢測	科技檢測
方式	目視、水表觀察，破壞性開挖	熱顯儀、濕度計、超音波、氣體檢查、壓力測試、試紙（PH）
準確度	中等、依靠經驗	高
施工影響	常需破壞牆面或地面	非破壞
時間效率	較長，逐步排除	較快、儀器迅速定位
成本	較低	較高
適用範圍	小範圍、簡單漏水問題	複雜管線建築
技術依賴	高度依賴有經驗的師傅	需專業技術人員
配搭使用	初步篩除使用	配搭技術豐富人員及儀器使用

Point 1　傳統測漏

大部分師傅會透過經驗、目視判斷，檢查裂縫、水痕，搭配潑水、灌水等簡單方式測試滲水點，並找出可能是防水層失效或排水管破裂等原因。此方法優點是費用較低，並能迅速執行於局部疑似區域；缺點在於消費者通常需要花時間等待，師傅也

可能將浴室的磁磚敲除或牆壁打洞，弄得家裡一片狼藉，有時候即使修繕完成，漏水問題依然存在，打電話給師傅卻只能聽到「再觀察幾天」的回應。這種因準確率不足，無法明確掌握水氣路徑，難以精確定位隱藏或微小的滲漏源頭，容易造成誤判、重複施工。

Point 2 | 科技測漏

使用熱顯像儀、水分儀、內視鏡與非破壞性濕度計等工具，進行牆體或地坪的無損檢測，能提供「非破壞」、可視化數據與精確定位，並透過多重測試之下，最後得出精準的結論。例如：熱顯像儀可透過偵測牆體溫差來尋找濕區；水分儀能精準指出牆內含水率；內視鏡則可探查隱蔽管道或牆體內部，輔以數據與影像判斷水氣分布與擴散路徑。由於儀器的購置成本較高，科技測漏的服務費也相對較貴。通常，科技測漏服務會先進行「初勘」，透過初步檢查漏水狀況來了解情況，再決定是否需要使用專業儀器進行後續檢測。因此，收費會分為「初勘費」和「儀器檢測費」兩部分。

儘管儀器提供可視化數據，但仍仰賴操作人員正確設定與解讀圖像，若使用不當，亦可能出現誤判。因此建議由具備實務經驗的技術人員搭配使用，以提高精準度與施工效率。

科技測漏可提供「非破壞」檢測、可視化數據。圖片提供｜翻你的老屋

五
如何挑選適合的施工單位

面對漏水問題，選對施工單位是確保修繕品質的關鍵，以下從資訊來源、價格評估與專業能力提供實用的選擇建議。

Point 1　去哪裡找？

尋找防水施工單位時，常見的方式包括網路搜尋、Facebook 社團、Google Maps 店家資訊、粉專留言區與口碑推薦。建議優先參考 Google 地圖，其公開評價與留言相對難以刪除，可信度高於一般社群平台；可特別留意是否有負評紀錄，並觀察廠商的回應與處理態度。此外，也可觀察其是否經營網站或粉專，是否有定期更新、張貼施工紀錄與說明；亦可進一步查詢該公司的成立年限、資本額與營業項目，確認是否為實體合法營業單位，作為篩選依據。而 Facebook 社團上人數較多的社團，也有不少人討論關於防水、抓漏的問題，要找施工單位或查詢相關問題，也可以在社團內搜尋、比較。需特別注意的是，即便是親友介紹或熟人承包，也應謹慎評估，因工程一旦發生問題，往往會牽動人際關係，導致後續溝通與處理更加困難。

Facebook 社團

社團名稱	網址
台灣抓漏防水交流網	https://www.facebook.com/groups/a139897
油漆工程，隔間批土與防水工程交流俱樂部	https://www.facebook.com/groups/yuhsiulin

Point 2　合理價格

目前市場常見的漏水處理價格，單一漏水點約落在 NT$25,000～35,000，若為多點滲漏或需全面重做，總費用可能高達數十萬元。選擇施工單位時，應要求廠商提供具明細的報價單，內容需包含施工範圍、材料使用、預估工期與保固條件，避免僅以「一式處理」模糊說明。部分報價單可能僅列工項編號與總價，未明確載明工法與保固，容易在爭議發生時缺乏依據。可進一步要求業者解釋其實際施作範圍與方式，避免因資訊不對等而產生認知落差。

Point 3　專業能力

評估施工單位的專業能力，可從多項指標判斷。首先，應確認廠商是否具備合法證照，並留意實際派工人員是否為有資格的專業技術工，避免出現證照與人員不一致的情況。其次，是否採用科技檢測工具（如熱顯像儀、水分儀、內視鏡等），並能清楚解釋儀器結果與診斷推論，是判斷技術能力的重要依據。也可觀察廠商是否主動留下每次施工的影像紀錄與施作說明，有助於日後保固與溝通。此外，若能清楚說明施工流程與工法選擇、提供合理建議或替代方案，更能展現其專業度與責任感。簡單來說，「有證照、具備實體評價、有檢測報告及完工紀錄」的廠商，是相對可靠的選擇標準。

六
簽約要點與施工規範

防水與抓漏工程除了涉及費用支出，更關係到責任歸屬與鄰里協調。從簽約保障到施工合規，許多細節都會影響後續的修繕成果與糾紛處理。事前了解合約內容與社區規範，是保障自身權益、降低爭議風險的關鍵步驟。

Point 1　簽約前討論要點

多數防水與抓漏工程在開始施作前，業者僅提供一份估價單，但這並不等同於合約。對沒有工程經驗的屋主而言，若希望在事後出現問題時能有效維護權利，建議在簽約前主動要求合約與保固條款，並留意以下幾個重點：

1. 估價單並非合約：僅列價格、工項與總金額的估價單，通常對消費者的權益保障與雙方權責界定皆不足，應要求書面合約，載明施工範圍、保固內容與期限。
2. 可要求範本合約參考：部分廠商願意提供去除個資的合約範本，讓屋主了解簽約後將負擔哪些責任、能獲得哪些保障，可參考附件一合約範本。
3. 保固範圍需具體載明：多數保固僅限於實際施工部位，並非針對「整體不再漏水」的結果保證。例如，只施作窗框補強的工程，不會負責屋頂漏水的部分。
4. 失效條件要寫清楚：常見保固排除項目包括天然災害（如地震、颱風）與後續裝修造成的破壞。若這些條件未寫進合約，一旦發生爭議，雙方可能各執一詞。
5. 注意有無免責條款與例外情況：若有部位因條件限制未能施作（例如邊間外牆無法從外部施工），業者應於合約中以圖說標示，並明確註明不列入保固。

事前將這些條件談清楚，不僅能讓雙方立場更透明，亦有助於後續發生爭議時，能保留明確依據主張自身權益。

Point 2　施工相關規範

若施工涉及外牆、屋頂、鐵皮加蓋或社區結構改造，勢必會遇到建築規範、社區條款與共用產權等限制。以下為常見限制與應對方式：

1. 大樓外牆施工需經管委會與住戶同意：例如磁磚脫落需重新貼磚或施作鐵衣包覆，若僅單一戶施作會造成外觀不一，通常需整棟住戶全數同意。
2. 鐵皮加蓋不得密閉、超高：常見於頂樓加蓋空間，需符合「開放式、不超過高度限制」（210公分）等規範。若超出者將被列為違建，恐遭檢舉與強制拆除。
3. 應先查閱社區裝修限制：部分社區對窗戶外型、窗框顏色、冷氣支架位置、施工方式等皆有明文規定，裝修前須配合申請與審核流程。
4. 室內施工須遵守社區申請與作業時間：如樓板敲打限時段、假日禁工、需提前登記出入名單等，尤其高級大樓或管制社區要求更為嚴格。

防水與抓漏屬於「介入式工程」，一旦牽涉外牆立面、共用區域或頂樓空間，務必在施工前完成必要申請與鄰里協調程序，避免完工後遭拆除、罰款，或引發鄰居抗議與糾紛。

PLUS 漏水糾紛處理及法律問題

由於建築物漏水問題普遍，許多情況源自鄰近住戶或公共區域防水不良。這類問題通常涉及他人的過失，對個人權益造成影響，因此相關糾紛和爭議屢見不鮮。要有效解決這些問題，關鍵在於釐清漏水的根本原因，找出問題源頭才能進一步解決爭端。

Point 1　隔壁／上下樓漏水責任劃分

❶ 協調抓漏事宜

（1）大樓住宅可請管委會調解

若發生漏水情況，新建的大樓通常設有管委會，根據《公寓大廈管理條例》，住戶可請主委協助調解。

（2）老公寓住戶需自行協商處理

若是老公寓，因缺乏管委會的協調，住戶需自行與鄰居協商處理。根據《公寓大廈管理條例》，對方應配合。若難以溝通，受害者可先請專業的防水廠商或工會鑑定原因、收集損失證據，如水損地板的修繕費，並拍照記錄以便申請理賠。

（3）若鄰居不配合，需依法訴訟

若鄰居拒絕處理，受害者可訴訟，但法院通常要求先墊付鑑定費，並在法官裁定後確認漏水責任，再申請代墊費用。由於鑑定費較高，建議雙方嘗試私下和解。

❷ 賠償金處理事宜

（1）屋主提供損失證明

屋主需根據漏水所造成的實際損失，提供相關證明並提出賠償金額。

(2)爭議可由法院處理
若雙方存在爭議,可透過民事訴訟由法院進行裁定。

❸ 公共區域漏水責任劃分
(1)請求管委會調解
若大樓設有管委會,住戶可向管委會報告,並由管委會協助處理。

(2)無管委會時住戶共同負擔
若沒有管委會,則樓梯間等公共區域的漏水需由住戶共同負擔。若是頂樓加蓋部分,且由頂樓住戶侵占,根據「默示分管契約」,修復費用應由頂樓住戶負責。

Point 2 購屋漏水權責糾紛

❶ 入住後漏水責任分擔與賠償
(1)入住時間為判斷漏水責任的關鍵
法律通常以雙方舉證為基礎來界定「漏水」問題的責任劃分,而入住時間是重要的參考依據。例如,新住戶入住未滿半年即發現漏水,需要求前屋主提供交屋時無漏水的證明,確認房屋交付時並無漏水問題。若前屋主無法提供相關證據,則可能存在隱瞞責任,需負責賠償。

(2)入住超過半年通常由現任屋主負責
若漏水發生在入住超過半年後,責任通常會歸於現任屋主。這可能是由於屋主使用不當或管線老化破裂所致。而前屋主交屋後,若已超過半年,則可推定當時交屋並無隱瞞問題。除非現任屋主能提供充分證據,否則漏水的責任將由現任屋主承擔。

Point 3　如何避免購屋時的漏水爭議

❶ 要求屋主提供漏水證明
建議在購屋前多次實地查看房屋，確認是否存在漏水問題，並請屋主提供相關證明，或在買賣合約中明確註明無漏水情況。

❷ 事先了解管委會運作情況
購屋前應了解清楚大樓管委會的運作狀況，以及在發生爭議時管委會的處理態度與方式。

Point 4　漏水 OUT！住家防漏檢查清單

日常生活檢視

檢查點	現象	漏水預防說明	確認打勾
水龍頭	出現連續滴水現象。	若需大力關閉開關，代表橡皮圈已老化，應盡快更換。	
馬桶水箱	未使用馬桶時存水也會晃動。	1. 沖水桿使用異常時應檢查。 2. 養成觀察存水是否晃動的習慣。	
水池或水塔水箱	水箱周圍有異常積水，或不用水時，馬達仍持續嘶嘶運轉。	1. 檢查水箱周圍是否有裂縫或積水。 2. 掀開人孔蓋，拉起浮球測試是否進水。 3. 關閉水閥觀察水位是否下降。	
牆壁或地面	表面突然變得潮濕。	1. 巡視外牆、窗台、建築接縫處有無異常。 2. 不在給水管上方、水表箱附近擺重物。 3. 靠近水龍頭聽是否有漏水嘶嘶聲。	
排水溝／陰溝	未用水卻有清水流動。	1. 打開陰溝蓋查看是否漏水。 2. 留意水表是否有異常轉動。	
屋頂或陽台落水頭	堆積落葉或砂石。	定期清理雜物並確認排水通暢。	

施工細節檢視

檢查點	現象	漏水預防說明	確認打勾
衛浴／廚房地板	拆除磁磚時破壞原有防水層，致使樓下天花板漏水。	重新鋪設前先施作防水層，避免施工時的混拌水泥砂漿或其他潑灑出來的水滲入樓下。	
地面排水管	施工時，砂土或垃圾掉入排水管造成阻塞。	用軟布封住排水口，防止異物落入。	
清洗工具的水槽	施工工具上沾有水泥或砂土，直接倒入排水管，容易造成阻塞。尤其在大樓中，管道通常被鋼筋混凝土包覆，一旦堵塞，後續維修既困難又費錢。	加裝沉澱箱收集汙水，或用強力水柱將水泥、砂土沖出，避免殘留在大樓管道中。	
水管連接點	水管本身不容易損壞，但接頭處因為是人工安裝，常見問題如膠未塗勻或產生細微裂縫，容易導致漏水。	拍照記錄每個接頭位置，並加上影像與文字說明做備查。	
	未用專用接頭。	使用同類型管或專用接頭，避免混合替代使用，否則容易產生漏水現象。	
	若將不同材質的管線混合使用，例如不鏽鋼管接 PVC 管，因為兩者耐壓程度不同，容易導致管線破裂或爆管。	不論水管是埋在天花板、地板還是牆內，都必須進行水壓測試，確保不會漏水。	

防水層保護

檢查點	現象	漏水預防說明	確認打勾
外牆／女兒牆	表面磁磚或飾材因外力鬆動剝落。	地震或大雨後巡視外牆，發現脫落處應立即補強，避免滲水。	
	安裝招牌或帆布廣告用膨脹螺絲破壞牆面。	採用植筋工法施工，先在外牆鑽孔後，清潔洞穴裡的粉屑，並填膠（環氧樹脂）進去再植筋，完成後再清乾淨，等待膠體硬化。	
	牆面長出植物。	定期檢查牆面，發現植物附著要連根清除並修補。	
屋頂	盆栽底部的地面長期積水，造成防水層失效。	植物盆栽架高擺放，避免長期積水滲入飾材裂縫。	
浴室	鑽牆裝毛巾架等造成孔洞。	安裝後的孔洞以矽利康封補，防止水氣進入牆內。	

Chapter 2

下雨時，窗台下方出現水漬

插畫｜黃雅方

下雨時，若發現窗台下方有水漬，通常是因為鋁窗與牆體之間接縫處施工不實造成縫隙，雨水因此滲入牆面。這種滲水問題若不及時處理，可能會導致壁癌。解決方法不僅需選擇高品質的鋁窗，安裝時更應確保接縫處妥善填補並做好防水處理，才能有效避免水痕反覆出現及結構損壞。

一

漏水成因

窗台漏水通常與窗框、牆面銜接處不確實，還有防水層施工不完整，以及窗台下方的洩水坡度設計不當有關。這些問題可能導致水分滲透進入建築結構，長期積水潮濕，進而引發漏水及壁癌問題。

Point 1　窗框與牆面銜接處施工不確實

❶ 窗框接縫填補不完整

窗框與牆面之間的縫隙通常應該使用水泥砂漿填實，這個步驟被稱為「塞水路」。這一步驟的目的是確保窗框與牆面之間的接合處能夠形成一個堅固的防水屏障，防止水分滲入建築結構中。如果忽略了這個關鍵步驟，僅僅依賴矽利康封補縫隙，往往無法有效地阻止水分滲透。

即使窗框縫隙已填上矽利康，但若內部的塞水路未確實填實，仍可能造成雨水滲入，長期下來導致牆面發生壁癌問題。圖片提供｜翻你的老屋

❷ 矽利康老化、脫落或裂開

矽利康是一種常見的彈性密封材料，應用在窗戶與牆體之間的縫隙填補，能有效阻擋水氣、適應熱漲冷縮，但使用年限有限，尤其在台灣這種高濕度、高紫外線的氣候環境下，更容易因長時間曝曬與風雨侵蝕而加速老化，變得脆化、鬆脫、甚至產生裂縫。當矽利康失效時，原本被密封的接縫就會變成滲水路徑，讓雨水從窗框邊緣慢慢滲入牆面內部。

矽利康本身有使用年限，經長期風吹日曬雨淋容易老化裂開。攝圖片提供｜翻你的老屋

Point 2 外牆未做防水或沒做確實

❶ 僅貼磚或塗料遮蓋

無論房屋採用何種材質與結構，外牆與屋頂都必須先施作防水層。這是因為水泥在乾燥時會產生收縮，可能導致微裂縫，並因虹吸作用使水分滲入。防水層的主要功能就是保護結構層不受水侵害，因此必須在結構完成後立即施作，之後才進行如塗漆或貼磚等表面裝修。

如果在未施作防水層的情況下就直接貼磚或上漆，就等於少了關鍵的防護層，雨水便容易從外牆滲透進入建築物內部。攝影｜蔡竺玲

❷ 結構層缺乏防水保護

外牆防水工程應在建築結構完成後立即進行，但實際的施工時機會依建築結構的不同而有所差異。若是 RC 結構，應在灌漿並完成養護期後先進行防水，再做粗底施工，最後才進行粉刷或磁磚鋪設；若是磚造建築，則應在砌磚完成後先填縫，接著施作防水層，最後才處理表面裝修。

Point 3　窗台下方忽略洩水坡度

窗台長期積水潮濕

若鋁門窗與女兒牆交接處的外牆沒有設計洩水坡度，下雨時雨水容易積聚在接縫處，久而久之就可能造成潮濕滲水問題。

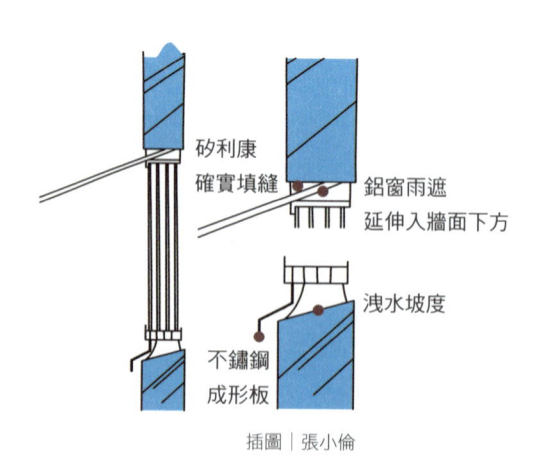

插圖｜張小倫

鋁窗防水剖面圖及上下緣放大剖面圖

Point 4　窗型冷氣孔發生漏水

預留孔洞與機型不符

建築公司預留的窗型冷氣孔雖為標準尺寸，但不一定符合每位屋主選用的機型，若尺寸不合，安裝後四周常會留下縫隙。一般會以壓克力板與膠帶簡易填補，但無法有效防止雨水滲入，長期恐引發漏水問題。建議封閉原冷氣孔，改裝分離式冷氣，並依各品牌安裝說明正確施工，才能徹底解決滲水風險。

當冷氣機尺寸小於窗孔時，周圍只能以暫時性材料填塞，但密合度與防水效果都難以保障。攝影｜許嘉芬

二 施工材料

依所採用的工法不同，會使用下列可能的材料：

1. 外牆處理相關
耐候性塗料：用於外牆表面防水塗佈，提升防風雨能力。
金屬包覆材料（鐵皮、鋁板）：以金屬覆蓋窗框下方牆面，減少水流入牆體機會。
外牆拉皮用材：如泥作與防水塗層結合使用。

2. 窗戶與牆面密封相關
泥作材料：重新施作窗框周圍的水泥砂漿層以修補裂縫。
防水劑：可混入砂漿中或用於滲水部位，提高防水效果。
矽利康：雖非標準工法，但常作為補救手段，用於裂縫填縫與邊緣密封處理。

3. 窗戶更換相關
鋁窗鋁框：若需將舊窗拆除更換，會重新安裝鋁窗與配套材料。
玻璃與窗料件：新窗所需配件與訂製玻璃。

裝修小知識

什麼季節施工最好？

颱風季節前施工完成最理想，因為若颱風來時剛好帶來風壓可以測試施工是否確實。

三
施工費用

計算方式如下：

1. 外牆塗佈與金屬包覆：通常以坪數為單位計價，外牆塗佈一般按施作道數（如三道、五道塗層）和坪數估價。
2. 雨遮或突出物工程：報價方式多為整體工程「一式」計價，難以細分材料與人工，常見按「一天工資」或「兩人一組工資」計算，通常為 NT$5,000～15,000。
3. 到達施工位置的難易度及方式：可能包含高空作業費、垂釣／垂降（俗稱「蜘蛛人」作業）、吊車費用（若無法垂降時使用）。
4. 施工規模：較小的工程例如打針，廠商可能不會細拆工資和材料費，而是提供一個標準起始價，模糊化工資部分，即便實際工作時間較短，也可能以一天或兩天工資計算。
5. 人工費用：通常以天計算，有時一項可由一人完成的工作可能會有兩人施作。

四
工期規劃

針對需要移除和更換窗戶並重做防水層的方式，估計工期約為兩週工作天，主要流程包括：拆除、丈量、訂製、安裝、填縫、油漆，未包含尋找和等待師傅排定時間的「排隊時間」，視現場狀況與人力排程可能有所不同，應提前與廠商確認。另外，也需將大樓規定不能施工的時間和梅雨、颱風等易降雨的季節時間算入，至於其他工法（如單純外牆塗佈或金屬包覆）的工期也會不一樣。

五 如何抓漏

Point 1　查看窗框周圍的狀況

❶ 矽利康是否老化或脫落

窗框周圍通常會使用矽利康進行填縫，應仔細檢查是否有老化或脫落現象。如果矽利康損壞，水分可能會從這些縫隙滲入。

❷ 窗戶的水密性與氣密性是否鬆脫

隨著強烈颱風的頻繁發生，窗戶的水密性和氣密性可能會受到風壓影響而鬆脫。若發生鬆脫，水分很容易進入室內，導致漏水。

❸ 塞水路施工是否到位，窗角有無水漬溢出

雖然塞水路的施工無法完全透過肉眼檢查，但若時間一長，窗框周圍開始有水漬溢出，且矽利康未老化、窗框無變形，這很可能是塞水路處理不當所導致的漏水現象。

當窗框與牆面出現裂縫或矽利康老化脫落時，窗戶周圍可能開始滲水，導致油漆剝落，甚至可能引發壁癌。此時可使用水分計測量牆內的含水率，若指數超過 20%，則表示存在漏水問題。攝影／蔡竺玲

Point 2 冷氣孔周圍是否有水漬或壁癌現象

❶ 填補材料出現水漬潮濕
當窗型冷氣與開口尺寸不匹配時，安裝師傅可能會使用膠帶或壓克力板填補縫隙，但這樣仍無法有效防止雨水滲入。建議改用分離式冷氣，會有更好的密封性，可以更徹底地解決滲水問題。

❷ 原有孔洞用紅磚封閉
使用紅磚封堵孔洞仍可能導致漏水，建議安裝固定窗框，並確保施工過程中充分填補水路，使用矽利康進行縫隙處理，以防止日後漏水問題。

將原有窗型冷氣洞口封閉，改為安裝分離式冷氣，是解決冷氣孔漏水的有效方法。攝影／余佩樺

PLUS 抓漏常見地雷區

地雷 1

門窗漏水通常是因為安裝不夠仔細

插圖｜黃雅方

最佳做法

門窗漏水的原因需要逐步檢查才能找出根本問題

窗戶漏水的原因可分為四種：一是外牆防水處理不完全或未塗防水劑；二是窗框邊緣的矽利康老化、脫落或龜裂；三是窗框周圍的水路未填實，導致牆內空隙，長時間暴雨後水分滲入；四是窗框下方牆面未設洩水坡度，這些都可能引發漏水問題。

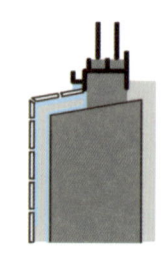

插圖｜黃雅方

地雷 2

窗框漏水通常是因為防水師傅未能確實施工所致

插圖｜黃雅方

最佳做法

窗框漏水時，建議打開窗框進行檢查

窗框區域漏水的原因可能是填縫施工不當，建議將窗框角落重新打開，並由第三方專業人士（如設計師或建築師）進行檢查認定。如果是屋主自行發包施工，也應尋求專業團隊或設計師公會的協助進行鑑定與處理。

插圖｜黃雅方

六
防水對策

窗台漏水可透過打針、高壓灌注發泡材料處理,這適用於已發現漏水點但無法保證後續完全無漏水風險的情況。但對於壁癌嚴重的情況,則需要重新立窗框,確保窗框與牆面之間的密合性並進行填縫、修補,達到更長效的防水效果。

Point 1 打針

* 適用範圍

重點處理,但無法確保後續是否有漏水可能。

* 價格

以次數計價,連工帶料以針數計算。

* 施工步驟

> STEP 1 檢查漏水處
>
> 檢查窗戶漏水處附近是否有管線經過,因為管線可能因為發泡材料的擠壓而發生破裂等問題。如果有管線經過,應進一步評估情況,確定是否需要進行打針處理。

> STEP 2 高壓注入發泡材料
>
> 在漏水處鑽孔,並高壓注入發泡材料。

| STEP 3 | 注意發泡材是否溢出

在灌注一段時間後，停止操作並留意發泡材料是否從周圍裂縫溢出，若有溢出則表示灌注完成，可停止操作。

發泡材料從周圍裂縫溢出，表示灌注完成。圖片提供｜劉同育空間規劃有限公司

Point 2　重新立窗框

＊ **適用範圍**

壁癌嚴重，只能重新架窗框。

＊ **價格**

重新安裝門框時，通常涉及四項費用：泥作、防漏、鋁窗和防水油漆。這些費用可以選擇統包處理，也可以分開發包處理。

＊ **施工步驟**

> **STEP 1** 拆除舊有窗框

拆除漏水的窗框,並將立框周圍的牆面敲至底層。

拆除窗框並將四周打掉,直到露出紅磚為止。圖片提供│優尼客空間設計

> **STEP 2** 將立框周圍的牆面整平

為了讓窗框與牆面更緊密結合,在安裝立框之前,先使用工具將窗框安裝位置的牆面磨平。

> **STEP 3** 水平確認固定窗框

使用水平儀器和尺子測量確認窗框的尺寸,並確保窗框處於正確的位置。這次是進行最後的檢查,確認無誤後,將窗框用螺絲固定在牆面上。

STEP 4 ▶ 填縫

窗框立好後,將水泥砂漿均勻填補在窗框與紅磚之間的縫隙處。

窗框縫隙確實塞好水路。圖片提供│翻你的老屋

STEP 5 ▶ 補平

填縫完成後,最後使用水泥將不平整的台面修補平滑。

水泥補平窗框四周,確實整平。圖片提供│翻你的老屋

Point 3　新屋安裝窗框

＊ 適用範圍

新屋裝修開設窗戶。

＊ 價格

涉及泥作、防漏、鋁窗和防水油漆四項費用，可以選擇統包或單獨分開發包。

＊ 施工步驟

STEP 1　確認安裝位置

在確定安裝窗戶位置後，於牆面開設窗戶開口。

在預定開窗的位置進行開口處理。
攝影｜蔡竺玲

STEP 2　整平窗框周圍牆面

為了確保窗框能夠與牆面緊密貼合，在安裝窗框之前，先用工具將窗框安裝位置的牆面磨平。

STEP 3　水平檢查並固定窗框

使用水平儀器和尺確認窗框的尺寸，並將窗框放入位置。這時進行最後的檢查，確認窗框是否居中。

窗框安裝時可透過水平儀器和尺確認窗框的尺寸。圖片提供｜翻你的老屋

STEP 4　鑽孔並固定框架

在窗框上鑽孔，並使用螺絲將窗框固定在牆面上。此時，師傅會持續檢查窗框是否有傾斜或與牆面間距不對齊的情況。

STEP 5　填補縫隙

窗框安裝完成後，開始使用水泥砂漿填補窗框與紅磚之間的縫隙，確保密合。

STEP 6　修補平整

填縫完成後，最後用水泥將不平整的台面修補平滑。

監工驗收必知重點

1. 必須進行試水

在高壓灌注發泡材料後，需等待下雨天進行試水，確認原來漏水的位置已無滲水情況後，再將灌注針頭拆除。

2. 確認是否填實

可以用手指或筆輕敲窗框，聽取實心與空心的聲音差異檢查是否填實。

七
防水實例

這棟三十幾年的老屋通風採光良好，但由於四周沒有遮蔽物，風雨來襲時，牆壁會直接受到侵襲。為了改善這個問題，拆除了原有的窗框並重新安裝窗框，並使用泥砂漿混合防水材料將窗框與結構體之間的縫隙填實。此外，外牆還加裝了雨遮，以減少雨水直接打擊牆面，從而降低滲水的風險。最後，外牆上塗了一層彈性防水水泥，增強防水效果。

Case 1

通風格局造成壁癌不斷出現

BEFORE

老屋窗框滲水問題嚴重。圖片提供｜優尼客空間設計

● 屋況檢視
1. 位於通風良好的區域，但由於缺乏周圍建築物的遮蔽，容易受到風雨的侵襲。
2. 屋齡較久，長期積累的滲水問題已經變得嚴重。

● 施工注意事項
1. 需要進一步加強對缺乏遮蔽物問題的改善。
2. 窗框填縫必須確實完成。

解密除漏步驟

STEP 1　拆除舊有窗框
↓
STEP 2　重新安裝窗框
↓
STEP 3　使用水泥砂漿混合防水材料填補水路
↓
STEP 4　外牆安裝雨遮
↓
STEP 5　外牆塗佈彈性水泥

AFTER

窗框全部打掉，重做新框，徹底斷絕漏水。圖片提供｜優尼客空間設計

這間十幾年的老房子可能因為過去的地震而產生裂縫，此外，前任屋主可能曾更換過窗框，且施工不夠仔細，導致現任屋主發現窗框四周有漏水的問題。由於滲水現象出現在窗框周圍，初步判斷可能是窗框填縫不夠密實。確認原因後，定位滲水點，並採取打針處理方法來解決滲水問題。

BEFORE

Case 2

老屋因地震造成裂縫，或前屋主曾更換過窗框

窗戶四周出現漏水狀況。圖片提供｜劉同育空間規劃有限公司

● 屋況檢視

1. 老屋因屋齡久遠，可能因過去地震造成裂縫。
2. 前任屋主或曾更換過窗框。

● 施工注意事項

1. 準確定位漏水位置，並集中進行防漏處理。
2. 確認灌注的發泡材料是否有從裂縫外溢。

解密除漏步驟	STEP 1	檢查後發現漏水點位於窗框四周
	STEP 2	採用打針工法來填補裂縫
	STEP 3	進行試水後確認已無滲漏現象
	STEP 4	完成表面修飾

AFTER

定位漏水點後，使用高壓灌注法解決漏水問題。圖片提供│劉同育空間規劃有限公司

常見問題 Q&A

Q1 窗台漏水，什麼狀況可以自己修或請專業人士修？

A：通常可以先自行目視判斷，例如下雨時門窗沒關，因濕氣造成的壁癌、水漬，只要自行清理後油漆處理就好。如果有肉眼可見且能安全觸及的裂縫，可以自己購買坊間的防水塗料或防水膠塗抹，但這種 DIY 處理方式通常是「治標不治本」。自行判斷或簡單處理後仍無法解決問題，就需要尋求專業廠商的協助，這種狀況通常跟管線有關。

Q2 如果想安裝廣角窗但又擔心漏水問題，選購時應該注意哪些事項呢？

A：除了考慮造型美觀外，選購廣角窗時還需要關注玻璃與窗框的組合，確保其具備良好的氣密性、水密性、抗風壓和隔音效果，並確認窗材具有防水、防鏽等耐候性。選購時可以要求廠商提供完整的測試報告和圖面。雖然廣角窗能帶來開闊的視野，但若玻璃發霧或結露會影響美觀，建議選購時要求廠商提供不結露的保固，市面上最高可達 15 年保固。施工方面，由於廣角窗的轉角柱體較容易滲水，頂端需提前密封處理，再進行施工。完成後，驗收時需確認上下蓋是否連接緊密，窗框接縫無空隙，整體結構牢固且操作順暢。

Q3 在整修房子後，如果窗框區出現漏水問題，該如何判斷是泥作還是防水工程的責任呢？

A：窗框區域漏水問題，很可能是由於窗框填縫施工不當造成的。有經驗的師傅可以通過敲打鋁窗來大致判斷問題，但為了公平起見，建議重新打開窗框角落，並請公正的第三方，例如設計師或建築師進行確認。如果是屋主自行發包的工程，也應該請專業團隊或設計師公會進行鑑定，以避免爭議並維護雙方的和諧。若鑑定結果顯示應由泥作或防水工班負責修繕，若工班拒絕履行，屋主可考慮進一步進行行政訴訟，保護自己的權益。

Q4 窗戶下方有漏水問題，導致油漆脫落，然而住的是高層住宅，無法從外牆進行防水處理。應該採取哪些措施來解決漏水問題呢？

A：止漏的關鍵是找出漏水的真正原因後再進行處理。例如，如果是因為窗框縫隙導致外牆滲水進入室內，通常不需要更換窗框，只需採用灌注填補方法即可。如果窗框背面原本應該用水泥砂漿填補空間，可以使用發泡劑來填補水泥砂漿的縫隙，這樣還能同時填補窗框鋁料的接縫。不過，灌注填補的工法有高壓與低壓之分，屬於專業操作，若非專業人士執行，可能會因為操作不當，而導致窗框變形導致後續漏水。

鋁窗外框水泥砂漿嵌縫不確實，用鑽孔方式補發泡劑填塞。圖片提供｜力口建築

Chapter 3

外面下雨,牆面出現滲水痕跡

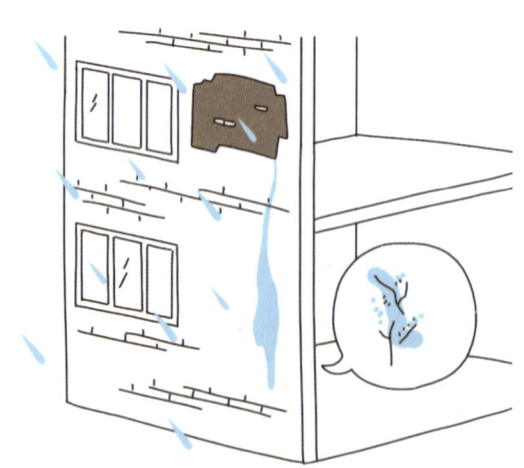

插畫｜黃雅方

台灣屬於多雨潮濕氣候,加上地震搖晃會造成外牆或屋頂的裂縫、破損,以及磁磚脫落,從而降低防水效果,導致雨水滲入室內,對居住者造成困擾。若不從源頭處理漏水問題,並有效導水,會擴大影響範圍,帶來更大的損害。

一
漏水成因

牆面滲水常與外牆裂縫、窗框、樓上陽台積水及外牆鑽孔等原因有關。若未及時修復，會在大雨時，導致牆面發生滲水問題。

Point 1　從內外牆面狀況判斷

❶ 外牆有裂縫

磁磚因為溫度變化或長期使用，容易出現脫落現象，這樣的情況往往會造成外牆表面的裂縫，甚至可能形成一些肉眼難以察覺的縫隙。當這些裂縫沒有及時修復，雨水或颱風來襲時，風壓會將水分推進這些細小的縫隙中，進一步滲入牆體內部。特別是在強風或暴雨的情況下，水分滲透進入外牆後，不僅可能導致牆體結構的損壞，還會引發水漬、霉菌甚至壁癌等問題。

外牆磁磚脫落碰到颱風地震，可能增加雨水滲入。圖片提供│余佩樺

❷ 窗框縫隙未確實填縫

隨著窗框使用時間增加,鋁窗與玻璃之間的矽利康密封膠容易因為經歷多次溫度變化、陽光曝曬以及風雨侵蝕後自然老化而裂開,甚至出現翹起的情況,因此形成微小的縫隙,水分便有可能從窗框與玻璃之間的空隙滲入。這種滲水情況在雨天或強風暴雨期間尤其明顯。

鋁窗與玻璃之間的矽利康因老化而裂開,下雨時水就容易滲入牆面。圖片提供│力口建築

❸ 樓上陽台積水

如果樓上的陽台沒有設置外推雨遮,當遇到大雨或強降雨時,陽台上積水的情況就會變得更加嚴重。由於缺乏有效的防護措施,雨水可能會直接積聚在樓上陽台上,無法迅速排走,這樣的積水情況長時間未處理,就有可能對樓下住戶造成影響。即使自家已經設有外推空間,將室內空間與陽台隔開,但樓上陽台的積水仍有可能滲入自家天花板。

❹ 外牆鑽孔

建築物外牆上，為了安裝廣告看板、建鴿舍、釘招牌，常會進行鑽洞作業以固定螺絲。然而，這種安裝過程如果處理不當，會留下孔洞，成為水分滲入的通道。這些螺絲和孔洞周圍的金屬部分可能會因為暴露在風雨中而生鏽，特別是在長期受到雨水侵蝕的情況下。當金屬生鏽後，原本緊密的接合處會變得不牢固，這樣就更容易讓水分進入牆體內部。隨著滲水逐漸加劇，水分會沿著孔洞和生鏽螺絲的部位滲透到樓下，進而引發漏水問題。

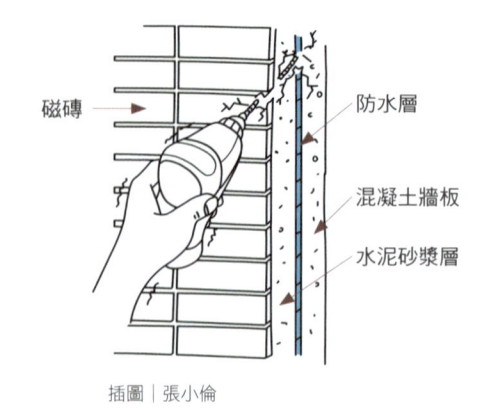

插圖│張小倫

安裝廣告看板的鑽孔作業往往會破壞外牆、屋頂的防水層。

Point 2　管線破裂

管線使用超過 15 年需更換

老舊公寓特別容易發生漏水問題，因為這類房屋多數已有 30 至 40 年的歷史，長期使用的管線容易老化和損壞，可能從外牆就能看見裸露的毀損管線，或是要從管道間鑿洞檢查管道是否漏水。一般建議，使用超過 15 年的管線應該更換，否則將可能隱藏漏水風險。

老舊公寓管線易損壞,建議 15 年就要更換。圖片提供｜翻你的老屋

二
施工材料

針對外牆滲水導致的牆面漏水，常見的修繕作法會先將牆面鋼筋鏽蝕部位處理乾淨，再以輕質水泥搭配黏著劑補強結構。這類材料比傳統水泥更能降低收縮率與龜裂風險，並提升貼合度，適合用於內部防水修補。同時，會使用防水劑進行所謂「負壓防水」，目的是從牆體內部抵擋水氣繼續滲入。然而，若外牆本身結構未改善，防水效果僅為暫時性。

若牆體外側原為磁磚牆面，無法單靠在磁磚上塗佈防水塗料處理，因磁磚之間仍存在微細空隙且無法附著在防水層上。此情況需整面剔除磁磚重貼，或改採金屬包覆的「鐵衣」方式進行，前提是社區住戶需全體同意整面施工。

鐵皮包板是在外牆施作鋼架結構，接著封上金屬板材（常見不鏽鋼／鍍鋅浪板），通常施工快速。圖片提供｜翻你的老屋

三
施工費用

此類牆面滲水的修繕費用差異大，主要取決於是否能同步施作內外牆。若僅能在室內進行修補，費用相對可控，但成效有限，仍需觀察是否再度從側邊或轉角區域滲水。若能整合社區住戶協作處理外牆磁磚或重新施作防水包覆，則需依照整體牆面高度、施工難度與外觀統一性進行整體估價。通常外牆滲水、防止雨水侵蝕要施作外牆防水漆，為 NT$600～1,200／坪；提供外牆更持久的防水效果要使用彈性水泥，為 NT$2,000～3,000／坪；剔除磁磚重貼牆面，則採外牆包鐵皮的方式，骨架約 NT$600～2,700／公尺，板材約 NT$500～2,200／坪。此外，費用也受防水材料選用、牆面基底狀況、施作位置是否需高空作業或鷹架支撐等條件影響，建議於現場評估後再由專業團隊提供報價。

四
工期規劃

若僅處理室內牆面，工序需保留充分乾燥時間。通常一天內完成工程，但為了以防萬一，作業工時會額外預留 1～3 天的時間，以確保該迴路的斷水期間。涉及外牆整修時需考量施工單位是否能搭設鷹架、外牆面積與施工層數，一般 3～5 層樓的房屋，約需 7～10 個工作天。此類工程常須社區內部溝通與協調，需視現場狀況與協調進度彈性調整。

五 如何抓漏

Point 1 從內外牆壁的狀況來判斷

❶ 檢查外牆磁磚是否脫落

若大樓外牆的磁磚有明顯脫落現象,可能是因為建築年久失修,外牆受到颱風或地震等自然災害影響,導致防水層失效,進而增加雨水滲入的風險。

外牆磁磚一旦老化失修,雨水就容易滲入,久而久之水會滲入。圖片提供／翻你的老屋

❷ 檢查是否有青苔或植物生長

若外牆上或由地震引起的裂縫處發現青苔或小植物的生長,這通常代表該建築物處於較為潮濕的環境,或者牆體內部已有嚴重漏水,造成壁面濕潤,進而促進植物的生長。

青苔常生長於潮濕的牆面,這可以作為判斷漏水的依據之一。攝影／Amily

❸ 觀察是否有水痕、油漆剝落或壁癌

若內外牆面、樓梯間牆、外推陽台接縫處及天花板出現水痕、油漆膨脹或脫落,甚至牆面變黑,這通常是漏水的跡象。需要注意的是,有些屋主可能會透過重新粉刷來掩蓋壁癌和漏水問題,因此應留意牆面油漆的色差。

留意內牆是否出現水痕或油漆膨脹現象,這些都是漏水的線索。攝影／蔡竺玲

Point 2　檢查屋頂和地面狀況

❶ 檢查屋頂是否有積水

雨天過後是檢查頂樓地面情況的最佳時機。如果在某些角落或局部區域發現積水，則可能是因為洩水坡度設置不當，或是排水孔被堵塞，無法有效排水。長時間下來，積水會對屋頂造成損害，最終也會導致頂層戶天花板、牆面漏水。

如果屋頂地面在雨後出現積水，長期以往可能導致防水層失效，最終引發頂層戶天花板、牆面漏水。圖片提供／翻你的老屋

❷ 檢查易滲水區域是否有裂縫

屋頂的每個區域都需要仔細檢查，特別是水塔下方、通風管道基座、女兒牆、排水口以及庭院景觀的花台等地方。應特別留意這些地方是否已經出現裂縫，因為裂縫可能讓雨水滲透到樓下的樓層牆面。

檢查屋頂的庭院景觀的花台、女兒牆、排水口等地方是否有裂縫，避免雨水滲入樓下樓層的牆面。圖片提供／翻你的老屋

PLUS　抓漏常見地雷區

地雷 1

樓上外牆的磁磚脫落或隆起導致漏水，並不會對樓下造成影響

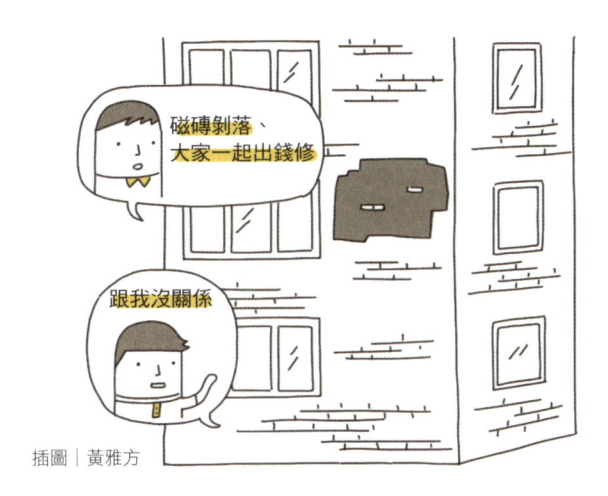

磁磚剝落、大家一起出錢修

跟我沒關係

插圖｜黃雅方

最佳做法

雨水會從外牆磁磚脫落的地方滲透到樓下

當大樓外牆因地震造成結構裂縫，或出現磁磚隆起、脫落等情況時，牆壁的保護層將遭到破壞，開始吸水。這樣會讓雨水沿著磁磚縫隙滲透，逐漸滲入牆體內部，可能導致樓下室內漏水。因此，一旦外牆磁磚脫落並造成防水層失效，必須立即進行修補和補上磁磚。

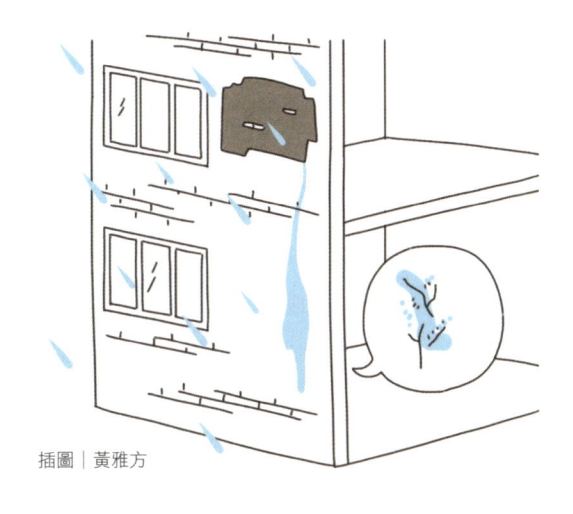

插圖｜黃雅方

73

六
防水對策

牆面滲水可依不同牆面材質,選擇適合的防水工法。但紅磚牆面,則需先處理漏水問題,再塗抹防水層來加強牆面的防水效果。

Point 1 負壓式堵水工法（RC 牆面）

* **適用範圍**

當外牆施作困難時,可以從室內一側的 RC 牆面對裂縫進行打針處理,以封堵漏水。

* **價格**

根據現場情況和施工的難易程度決定。

* **施工步驟**

STEP 1 鑽孔埋設高壓灌注針頭

首先,在裂縫的最低點以傾斜角度鑽孔,深度為結構體厚度的一半,接著從下方開始依次鑽孔,每個孔的間距約為 25 至 30 公分。完成鑽孔後,將灌注針頭一次性安裝到所有孔洞中。

牆面鑽孔後,安裝高壓灌注針頭。圖片提供｜朵卡室內設計

STEP 2 使用高壓灌注止水劑進行修復

完成灌注針頭的安裝後，使用高壓灌注機將防水發泡劑注入，直到發泡劑從結構體表面滲出。待防水發泡劑與空氣接觸並硬化後，再進行漏水測試。

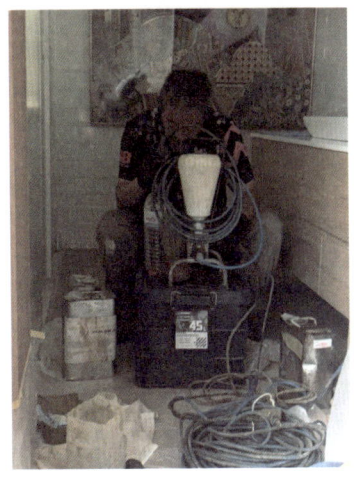

（上）準備灌注發泡劑。圖片提供｜朵卡室內設計（下）圖中為高壓灌注機，可將防水發泡劑注入灌注針頭。圖片提供｜力口建築

STEP 3 移除針頭清除多餘發泡劑

發泡劑灌注完成後，經過測試確認無漏水情況後，即可清理結構上多餘的防水發泡劑。

Point 2　負壓式堵水工法（紅磚牆面）

＊ **適用範圍**

外牆漏水導致牆面出現壁癌現象。

＊ **價格**

根據問題來源、材料和施工人力等因素進行綜合計價。

＊ **施工步驟**

> **STEP 1** 首先解決實際的漏水問題

由於外牆問題引發的壁癌，必須先處理漏水問題，再進行後續的防水作業。第一步是鑿開室內牆面中漏水區域，直至結構層，並盡可能擴大鑿面，目的是擴大防水處理的範圍。

擴大壁癌區域的鑿面增加防水範圍。
圖片提供｜翻你的老屋

STEP 2　塗抹防水層強化防水

將施作表面鑿至「見底」（刨除水泥，直至看到紅磚）後，先使用加入防水劑的水泥砂漿填補縫隙，初步防止外來雨水滲入。接著，塗抹稀釋後的彈泥防水塗料，以加強牆面防水效果。

施作一層稀釋後的彈性水泥防水塗料加強隔絕漏水。圖片提供｜翻你的老屋

監工驗收必知重點

1. 灌注針頭需與裂縫交錯埋設

由於裂縫通常呈現不規則形狀，因此應特別注意，灌注針頭應該與裂縫交叉埋設，左右分別鑽孔，這樣能確保更好的注射效果。

2. 待雨後驗收確認無漏水

施工完成後，應等待雨後再進行驗收，以確認填補和防漏措施是否完善，確保沒有漏水問題。

七
防水實例

此連棟式老公寓外牆為傳統的馬賽克磁磚,部分區域出現壁癌現象。屋內有三處漏水問題,經判斷,外牆及樓上的排水系統需要檢修。另有一間房間使用的是台灣早期的氧化鎂板,因潮濕環境影響,板材呈現波浪狀變形。整體來說,全室門窗需要更新,外牆及室內滲漏也需進行處理。

BEFORE

Case 1

室內牆面因外牆、排水系統而漏水

銜接後陽台處牆面滲漏。
圖片提供｜翻你的老屋

● 屋況檢視

1. 前後陽台的雨遮和天花板滲漏。
2. 廚房天花板滲漏。
3. 外牆磁磚青苔與開裂。

● 施工注意事項

1. 壁癌需剔除處理。
2. 此案壁癌非漏水引起，所以採用外牆專用的防水塗料處理。

解密除漏步驟

STEP 1　擴大漏水區域的鑿面

鑿開室內牆面漏水區域，直到達到結構層，並盡量擴大鑿開範圍，以便擴展防水處理的範圍。

STEP 2　塗佈防水層

使用加入防水劑的水泥砂漿填補縫隙，之後塗抹稀釋後的彈性防水塗料，加強牆面的防水效果。

AFTER

牆面採彈性水泥處理，確保防水效果持久。圖片提供｜翻你的老屋

常見問題 Q&A

Q1 通常是外牆有防水層，為什麼有些房屋的室內牆面也需要進行防水處理呢？

A：由於許多房屋是連棟建築或每層樓有多戶，因此可能會出現共牆或來自上層的漏水問題。例如，鄰居進行室內格局變更，可能會使浴室與自家牆面成為共牆，若鄰居不願意處理，這種情況可能需要透過法律或管委會協調，過程可能會拖延且費時。因此，在自家裝修時，建議先進行室內防水處理，例如在結構層施作防水針或使用彈性水泥塗佈牆面，避免水泥毛細孔吸水，防止鄰居的漏水滲透到自己家中，造成壁癌或家具損壞。

Q2 清水模建築的外牆被稱為「會呼吸的牆面」，那麼外牆和屋頂是否仍需要施作防水層呢？

A：外牆是否需要防水層與清水模無關；實際上，清水模外牆因缺乏任何鋪面保護，更應該在表面塗上一層保護層來達到防水效果。不論清水模多厚，如果表面不進行塗層處理（包括防水功能），混凝土仍會逐漸劣化。而且，現今的空氣污染使得雨水偏酸性，長期侵蝕建築表面，一旦雨水滲透到混凝土內部，將加速劣化過程。通常，清水模外牆會噴塗一層矽酸鹽或矽烷類材料，這些無色透明的塗層會滲透到混凝土牆面，形成所謂的「無膜塗層」，因此肉眼無法察覺。

Q3 浴室牆面防水層怎麼做？

A：通常若浴室內有淋浴設備，建議防水層至少從地面往上施作 180 至 200 公分。若浴室使用磚牆作為隔間，防水層應該從底部延伸至天花板，確保防水覆蓋整個牆面。防水層施作一般採用彈性水泥，並在貼磚前預先施作至少兩層，以達到有效的防水效果。

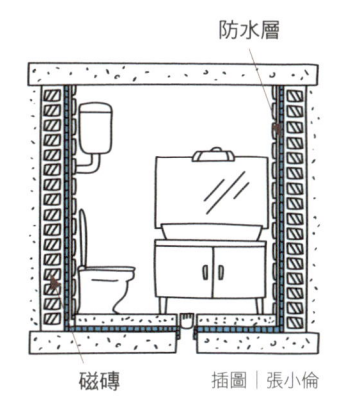

插圖｜張小倫

Q4 在廚房或浴室，若為了吊掛物品在牆面釘釘子，會不會損壞防水層呢？

A：廚房和衛浴間是少數需要施作防水層的室內區域。廚房的防水層會做到水管走線的高度，而浴室則會將整面牆都施作防水層，以防止蓮蓬頭的水流濺濕牆面。然而，當我們在這些地方釘釘子來安裝置物架時，可能會不小心破壞防水層。不過，室內牆面防水層的損壞影響較外牆小，因為室內牆面沒有水壓問題。對於這種情況，只需要在損壞處使用矽膠填補即可。相比之下，外牆防水層的損壞影響較大，因為外牆會受到風壓的影響，當雨水灑下時，風壓會推動水分滲入牆內，因此外牆的防水層尤為重要。

Chapter 4
沒下雨，家裡卻下小雨

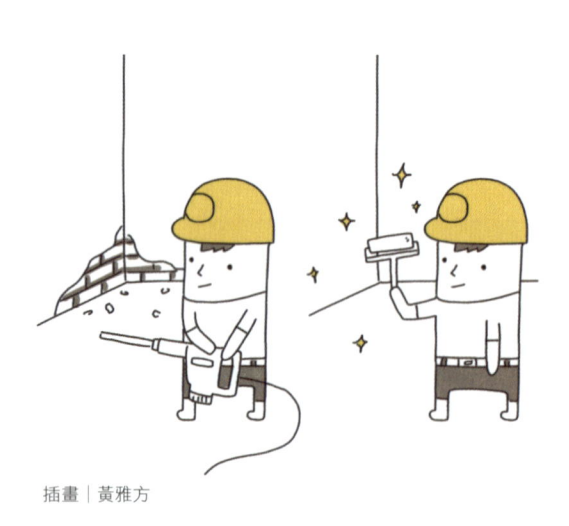

插畫｜黃雅方

明明沒下雨，家中天花板卻在滴水，這類漏水現象的原因較為繁雜，可能來自屋頂、上層樓層的浴缸、廚房或衛浴設施，或老舊建築的陽台等。找出漏水原因除了透過目視判斷，亦須結合專業修繕師傅、科技測漏等方式協助，方能有效阻斷水源、避免日後再次漏水。

一

漏水成因

在未下雨的情況下，天花板漏水可能由多種因素引起。常見的原因包括屋頂裂縫滲水、樓上衛浴洩水坡度不當、排水管破裂或管線老化等問題。這些情況會導致水分滲透進入樓板，長期積水或排水不良進一步引發天花板漏水。

Point 1 | 屋頂防水、排水失效

❶ 裂縫滲水

屋頂沒有定期維護，因地震擠壓或長期日曬雨淋，導致水泥、抿石子牆表面出現裂縫和防水失效，雨水就會滲入樓板或者順著裂縫向下流，使下方樓層的天花板漏水。最常發生的位置大部分在女兒牆下緣與樓板交接處、通風管道基座周圍及水塔下方。

屋頂集水槽故障導致雨水倒灌於樓板，造成樓下屋內天花板滲漏。圖片提供｜翻你的老屋

❷ 洩水坡度施工不當、排水堵塞

如果洩水坡度設置不當，或屋頂排水孔未定期清潔，堵塞過多垃圾、落葉或泥沙，導致雨水無法有效排除，長期積水會使防水層的效果下降，使下方樓層的天花板漏水。通常排水孔應選擇高腳落水頭，因其凸起設計能有效防止異物堵塞，避免出現積水現象。

> **裝修小知識**
>
> **洩水坡度是什麼？**
>
> 洩水坡度，也稱為排水坡度，是指地面或牆面的傾斜角度，旨在引導水流向排水口或排水系統。根據建築規範，洩水坡度通常分為兩種標準：大洩（1/50）和小洩（1/100）。大洩要求長度每 5 公分高度需達 1 公分以上。小洩則是長度每 100 公分高度需達 1 公分以上。若洩水坡度不足，水會積聚，無法順利流入排水孔；若坡度過大，水流過快，污物可能無法隨水流排走。

Point 2 樓上衛浴漏水

❶ 牆面接縫處滲水

浴缸是衛浴中常見的漏水源，特別是在衛浴格局未變更的情況下，若樓下的衛浴天花板出現漏水，通常是樓上的衛浴有問題。浴缸與牆面接縫處的矽利康或水泥因為濕氣脫落，洗澡水會滲入浴缸下方。

❷ 洩水坡度設置不當

浴室的洩水坡度應施作適當,以避免長時間積水導致防水層老化,使樓板漏水到下方樓層。

浴室洩水坡度不足,水無法順利流向排水孔,容易積水。圖片提供|翻你的老屋

Point 3 排水管沒接好或破裂

❶ 上方樓層管線毀損

通常老屋排水管都是埋在地面,因此如果非頂樓天花板發生漏水,可能是上方樓層管線因老舊破裂、水管相接處鬆脫滲水,或施工人員在挖掘地面時損壞管線,使水積在樓板,導致樓下天花板漏水。一般建議管線使用超過 15 年時,就應該進行更換,否則隱藏的漏水風險會逐漸增加。

上方樓層管線破裂，會使樓下天花板漏水。圖片提供｜翻你的老屋

❷ 廁所排水口破損

廁所排水口與水泥砂漿脫離，水也會從周圍滲入造成樓下天花板漏水狀況。

Point 4　陽台排水堵塞或排水沒做好

❶ 陽台外推，排水不良

陽台外推是老屋中常見的情況，若外推區域底部的排水管處理不當，頂樓的水可能無法順利排出，導致水滲入樓下天花板。

老屋常見陽台外推設計，若排水沒做好，會導致水滲入樓下天花板。圖片提供｜翻你的老屋

❷ 陽台未外推，排水不良、裂縫滲水

樓上陽台未外推，但排水系統有問題或女兒牆出現裂縫，這樣也可能導致下方外推陽台區域的天花板漏水。

Point 5　冷氣管線結露或排水不良

❶ 冷媒管和排水管外層未包覆或破損

吊隱式冷氣的冷媒管若未包覆保溫材料，會因冷氣管線溫度較低，與暖空氣接觸後產生結露，進而滴水至天花，長期下來形成水漬。通常冷氣排水管會包裹隔熱保溫棉，防止冷凝水滲透進木作板材或牆面。若發現天花水漬，除了可能是水管漏水，還需檢查冷氣管線。

而冷氣與牆面連接的排水管，通常使用硬管（如 PVC）會較為合適，因為窗簾盒可能會壓縮管道的轉角處，若使用軟管，容易造成管道堵塞，影響排水效果。

除了冷媒管外，排水管也應包覆保溫材料，以防止因低溫產生結露，避免水滴問題。攝影｜蔡竺玲

❷ 排水管線堵塞，水盤溢水

空調排水系統通常設計為先將冷凝水集中在水盤中，再透過排水管將水排出。然而，由於排水水質中含有一些雜質，例如灰塵、細小的髒汙或微生物，這些雜質隨著時間積聚，容易造成排水管的堵塞。當排水管堵塞時，冷凝水無法順利排出，水便開始積聚在水盤內。若這種情況長時間得不到解決，積水可能會從水盤溢出，甚至滲透到冷氣主機下方的天花板，造成天花板漏水的問題。不僅會影響居住環境，還可能對天花板的結構造成損害，因此定期清潔排水系統並確保水盤與排水管的暢通非常重要。

冷氣排水管若不通暢會影響排水、導致漏水。圖片提供｜翻你的老屋

二
施工材料

須明確判斷漏水原因,以下不同漏水原因可採用的材料:

1. 排水管或給水管滲水

一般有兩種做法:其一是直接替換管線,將原有漏水管封堵,改以新管線取代(如走明管);其二是進行管內修補(但非每種狀況皆適用)。其中若是給水管問題,常見做法是「走明管」,即捨棄原有管路,在牆面或天花板表面重新鋪設冷、熱水管,不再埋入牆內,可避免再次破壞牆面,並降低材料與工序複雜度。若需破壞原有牆體或地面,則會搭配防水塗層與磁磚等材料,進行修復與防水工程。若無法從源頭修繕,大多會採用裝設「接水盤與導水管」的處理方式。

2. 浴缸造成樓板漏水,採彈性水泥形成防水保護層,並以不織布加強防水。

3. 內部天花板漏水可採高壓灌注法,材料為高壓灌注針、批土。

4. 外部屋頂需加強外露牆面與屋頂的防水性,材料包含在乾淨的屋頂先以水泥砂漿進行鋪設,接著進行 PU 材鋪設。最後 PU 塗料補強。

5. 冷氣管線漏水,冷媒管要包保溫材料。

三　施工費用

漏水範圍和不同施工方式的收費方式各異，無法以「每坪／每公尺」單位精準估算，需依個案報價：

1. 高壓灌注依問題源、材料、施工人力等共同計價。
2. 鋪設防水材或彈性水泥，依坪數、樓高、防水材等級共同計價，費用可能高達數十萬元。
3. 如明管處理或單點接頭修補，費用可能從 NT$20,000 起跳。
4. 冷氣冷媒管和排水管維修，費用視管線長度和種類而有不同。

四　工期規劃

1. 明管處理或管內修補：若無需拆除，確認點位後可於半天至一天內完成。
2. 高壓灌注約一、兩小時。
3. 冷氣冷媒管和排水管維修約一天。
4. 鋪設防水材或彈性水泥會有施工前（前置保護、申請等）、施工中（開始施工）、施工後（觀察齊及保固期）的時間，在屋頂、衛浴施作的實際工期與費用仍需依現場狀況、住戶是否同意、施工師傅安排彈性和是否遇到降雨調整。

五 如何抓漏

Point 1　觀察附近空間

❶ 判斷樓上空間

目視判斷漏水點的樓上是否有浴室或陽台,因為可能此區有給水管或排水管。如果在沒有下雨的情況下,水持續滴落,或樓上住戶在洗澡時間使用水時,水滴一直掉落,這可能是熱水管出現問題。鍍鋅管材質容易在接頭處生鏽,從而導致漏水。若發現樓上開水龍頭時,水呈現黃色,則可能是熱水管漏水。此時,應請水電師傅檢查熱水管的狀況,並根據預算決定是選擇明管還是暗管進行處理。

沒有下雨,水卻持續滴落,可以維修師傅協助確認熱水管狀態。圖片提供／翻你的老屋

❷ 檢視外牆裂縫

漏水點離外牆很近，可以觀察外側牆面是否有安裝招牌或看板，就近檢查是否有明顯的裂痕或釘痕，這些都可能是漏水的源頭。

Point 2 隱藏區域的檢查

現代裝修常將天花板包覆，將管線隱藏其中，因此檢查漏水時，必須打開管道間仔細檢查是否有滲水情況。貼有壁紙的牆面也可能隱藏漏水問題，最好及早檢測，避免等到壁紙上出現水痕時才發現漏水已經相當嚴重。

木作天花板內通常包覆了複雜的水電管線，一旦室內發生漏水，必須拆開天花板進行檢查，找出漏水的根源。圖片提供／朵卡室內設計

Point 3　漏水測試

若下雨時也漏水,可能是外牆或管道間的問題;不定時漏水,水可能來自排水管;持續漏水則可能是冷熱水管出現裂縫。可先觀察漏水情況,並告知修繕師傅,幫助其更準確地判斷漏水原因。

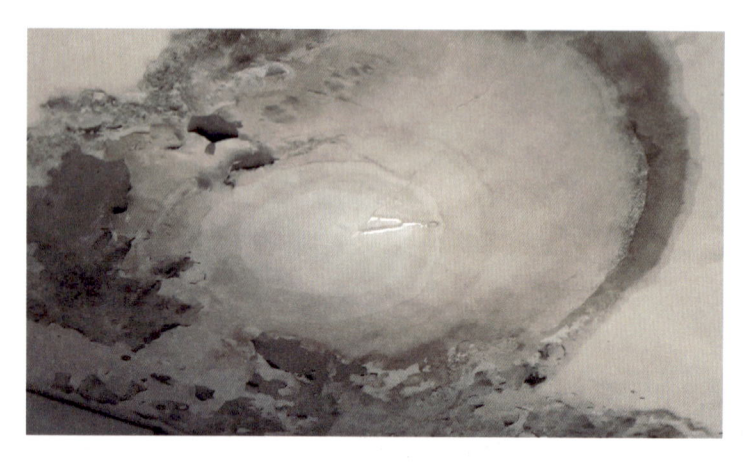

透過漏水的頻率、下雨天是否漏水,可以初步判斷漏水原因。圖片提供／翻你的老屋

Point 4　檢查屋頂地面

自家若位於最高層樓,屋頂也是檢查的重點。屋頂地面需要仔細檢查,尤其是水塔下方、通風管道基座、女兒牆、排水口以及庭園造景花台等,這些地方若出現裂縫,雨水就會從屋頂滲入,影響下層樓層天花板。

屋頂地面女兒牆、庭園造景若有裂縫,雨水便會流進下層天花板。圖片提供／力口建築

PLUS 抓漏常見地雷區

地雷 1

屋內油漆色差是因為刷漆不均勻所造成

插圖｜黃雅方

最佳做法

牆壁油漆色差可能是漏水或壁癌的徵兆

如果發現天花板上有淡黃色或棕色水痕，這可能是房東或前屋主為掩飾水痕而重新刷漆的結果。如果局部油漆顏色不均，這可能是漏水或壁癌的徵兆。因此，一旦發現水痕，應該注意是否有油漆脫落或壁癌問題，並儘早處理。

插圖｜黃雅方

六
防水對策

未下雨、天花板卻漏水可能由多種因素引起。可使用屋頂正壓式防水工法、斷水工法或換管線等防水方法，能有效避免水漬和漏水問題，確保無漏水困擾。

Point 1　屋頂正壓式防水工法

* 適用範圍

施作於屋頂地面。地面有裂縫，防水失效，漏水至頂樓戶天花板。

* 價格

依現場狀況及施工難易度而定。

* 施工步驟

STEP 1　素地整理

為確保防水層與基層良好結合，施作前必須先整理素地。首先清除表面雜物並填補裂縫，再使用高壓水刀徹底清潔施工區域，確保地板表面乾淨無障礙。

整理素地須清除表面雜物、填補裂縫。圖片提供｜力口建築

> **STEP 2** 地面積水局部修補

完成素地整理後,若施工區域存在坑洞或積水,必須進行修補和整平,確保地面平整,避免影響後續防水層的施作效果。

以泥作進行打底,進行地面修補和整平。
圖片提供│力口建築

> **STEP 3** 施作防水 PU 底油

待地面乾燥後,先施作一層 PU 底油,它作為結構體與防水層之間的介質,能固結地面粉塵,確保防水層牢固附著,這是防水工程的重要步驟。

第一層先上底油,讓防水層與施作面更緊密結合。圖片提供│力口建築

STEP 4　施作防水 PU 中塗層

當底油乾燥後,施作防水 PU 中塗層,或鋪設玻璃纖維網來加強防水層的韌性,避免防水層裂開,從而提升防水效果。

塗佈防水 PU 中塗材時,再鋪貼玻璃纖維網補強防水。圖片提供｜力口建築

STEP 5　施作兩道防水 PU 面塗

最後,施作兩道隔熱防水 PU 面漆,抵禦雨水和紫外線的侵害,並有效預防霉菌生長,完成全面的防水處理。

以隔熱防水 PU 面漆收尾,延長屋頂防水壽命。圖片提供｜力口建築

> **監工驗收必知重點**

1. 防水施工前確認素地整理

素地整理是防水工程中的關鍵步驟之一，必須確保其完成。首先要清除表面，將結構體暴露出來，並修整地面上的突起物、坑洞及裂縫，最後徹底清掃，將灰塵降至最低。

2. 頂樓試水驗收應在鋪磚前進行，並用水分含量儀確認

屋頂防水工程完成後，在鋪設 PC 層（水泥砂漿）之前，應進行試水檢測。可以使用堵水測試或在雨天進行檢查，並觀察是否仍有漏水情況。接著，用水分含量儀測量樓板的水分，12 至 15% 的水分含量為正常，若超過 20%，可能仍有漏水問題。需要注意的是，試水驗收必須在貼磚前進行，以避免水分從磁磚縫隙滲透，導致膨脹現象。

Point 2　負壓式堵水工法（RC 牆面）

STEP 1　鑽孔埋設高壓灌注針頭

在裂縫最低點以傾斜角度鑽孔，完成鑽孔後，將灌注針頭一次性安裝到所有孔洞中。

STEP 2　使用高壓灌注止水劑

安裝灌注針頭後，使用高壓灌注機將防水發泡劑注入，直到發泡劑從結構體表面滲出。

內容詳見 P74。

Point 3　浴室斷水工法

＊ **適用範圍**

衛浴漏水處理，徹底避免日後漏水造成屋內牆面有水漬。

＊ **價格**

連工帶料 NT$1,000～2,000／坪。

＊ **施工步驟**

> **STEP 1　拆除至底層**

首先需要將地面和牆面打開，直至見到 RC 結構層，也就是水管埋藏的地方，這樣才能檢查管線是否漏水。對於老舊房屋，無論是否存在漏水問題，都建議將管線更換為不鏽鋼材質，以延長其使用壽命。

無論是進行斷水還是防水處理，都必須將牆面拆除，直到露出水管埋藏的位置。圖片提供｜朵卡室內設計

STEP 2　重鋪泥作

在水電管線施工完成後，確認管線已更換並無漏水問題，接著需要重新鋪設水泥覆蓋管線，並進行防水處理。

在管線更換並重新鋪設水泥後，方可按照步驟進行防水塗層施工。圖片提供│朵卡室內設計

STEP 3　浴缸施工

浴缸大致可分為兩類：磚砌式與 FRP 壓克力式，其中 FRP 是目前最常見的款式。在施工時，浴缸與牆面之間需預留約 1 公分的間隙，供後續砌磚使用。泥作工程需先完成浴缸的「立缸」作業（見圖：呈ㄇ字型結構），並建議預留兩個排水孔，一個做為主排水口，另一個用於排出浴缸產生的冷凝水，地面則需施作洩水坡度，以利排水順暢。至於磚砌浴缸，則常搭配大理石作為檯面，利用石材的平整性與浴缸邊緣做密合處理，提升整體的密封與美觀效果。

浴缸安裝前須先預留兩個排水孔，作ㄇ字立缸。圖片提供│朵卡室內設計

STEP 4 淋浴拉門施工

在乾濕分離的浴室中,建議將淋浴拉門的門檻嵌入地磚內部施工,避免僅以矽利康(填縫膠)將門檻黏貼在地磚上。因為矽利康具有使用年限,隨時間可能會老化變質,容易產生發霉或變色情況,影響整體外觀與衛生。

浴室內乾濕分離區域門檻需從地面底部嵌入。圖片提供｜朵卡室內設計

STEP 5 完成斷水層的施工,進行磁磚鋪設

當基礎防水作業完成後,才能進入最後磁磚鋪設階段。

防水工程完工後才能進行貼磚。圖片提供｜朵卡室內設計

Point 4　廚房、衛浴防水工法

∗ **適用範圍**
完整的防水工程，避免日後漏水。

∗ **價格**
連工帶料 NT$1,000 ～ 2,000／坪。

∗ **施工步驟**

STEP 1　用彈性水泥施作基礎防水層

彈性水泥是將高分子乳化劑與水泥系材料混合而成，具備良好的防水、耐候與延展特性，常在磁磚施作前先行塗刷。它能在地面或牆面形成一道有效的防水層，阻擋水分滲透，達到基礎防護的效果。

彈性水泥因防水、耐候，可以提供良好的防水效果。圖片提供｜朵卡室內設計

| STEP 2 | 全面施作防水層，阻擋水氣滲透

浴室地面需全面防水，牆面依實際用水區域決定防水高度。淋浴區至少需從地面向上施作 180～200 公分，理想則做到天花板高度，較無漏水風險。

廚房則需整個地面施作防水，牆面可依用水情況，建議施作 90～120 公分以上。牆角與門檻等處要加強垂直塗刷，確保防水層在牆面與地面的接合處完整密合。排水孔周圍的防水層需與管道密實結合，避免日後從管邊滲水。

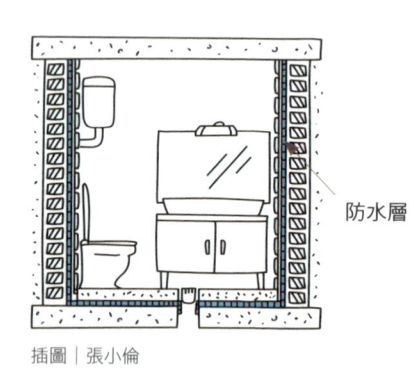

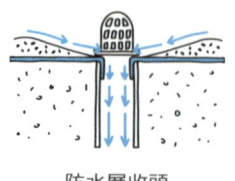

插圖｜張小倫

防水層

防水層收頭
要接合排水孔

防水層沒有搭接到
排水孔為錯誤裝設方式

插圖｜張小倫

STEP 3　轉角處加強防水保護

廚房與浴室的轉角、牆角等高風險區域，可加鋪不織布與玻璃纖維進行防水保護。不織布有助於強化防漏功能，玻璃纖維可提升抗裂能力，對於因地震或結構變形所導致的裂縫滲水，也能有效降低發生機率。

轉角處需有加強防水的機制。圖片提供｜朵卡室內設計

STEP 4　磁磚鋪設，完成防水施工

磁磚本身也具防水性，因此浴室建議整室鋪設，尤其淋浴區務必鋪滿。這不僅提升整體防水效果，也能減少牆面長期受潮的機會。

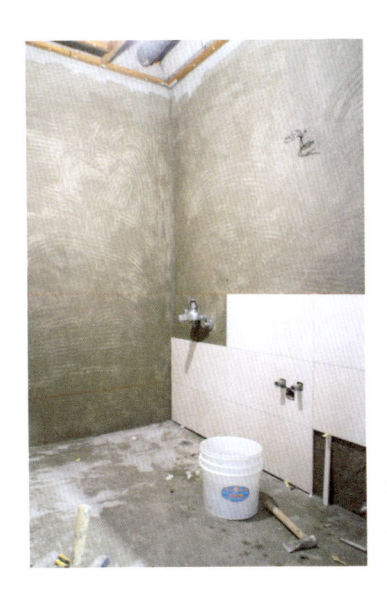

磁磚比油漆、壁紙更具防水機能，特別適用於易潮濕的廚浴空間。圖片提供｜朵卡室內設計

監工驗收必知重點

1. 進行積水測試確認防水效果

在防水施工完成後，建議將排水孔暫時封住，於地面蓄水至約 2 至 3 公分的高度，靜置 1 至 2 天，觀察水位是否下降，並檢查牆面與地面周圍是否有滲水情形。若水位穩定且無漏水現象，表示防水層施工良好；若出現滲漏，需立即查找漏點並重新施作修補。

圖片提供｜朵卡室內設計

2. 牆面進行淋水測試

針對淋浴牆面防水是否確實，可用水管持續噴灑牆面 3 至 4 分鐘，再靜置觀察幾分鐘。若牆體背面無滲水狀況，即表示防水效果合格；若有滲透則代表防水施工未完全，需重新檢修。

3. 確認洩水坡度是否順暢

浴室地面應具備適當洩水坡度，驗收時可實際蓄水後觀察排水速度與方向。若出現積水現象，表示坡度不足，未來易造成積水或滲漏，應在施工階段及早修正，避免後續問題。

Point 5 裝設接水盤與導水管

* **適用範圍**

當管道間發生滲水，若無法從源頭修繕，大多會採用裝設「接水盤與導水管」的處理方式。

* **價格**

取決於漏水的嚴重程度以及所採用的施工方法。

* **施工步驟**

STEP 1 接住滲水

將從樓上滲出的水於下層轉折處集中接住。

STEP 2 水引至排水區

將水引導至指定的排水區域。

裝修小知識

裝設接水盤防止漏水

此作法未能處理實際的漏點問題，但在無法拆除、定位困難或樓上住戶未配合的情況下，仍被視為目前可行的替代方式之一。

監工驗收必知重點

1. 排水管道連接

確認接水盤的排水管道是否暢通,避免積水引起其他問題。

2. 防水處理的持久性

檢查接水盤周圍是否已做防水封閉處理,防止水分滲漏至其他區域。

3. 整體結構檢查

檢查周圍牆面及地面的防水層是否完整,避免接水盤作為臨時解決方案,未來可能出現漏水隱患。

Point 6 更換管線

* **適用範圍**

排水管或給水管滲漏,直接換管線。會建議老屋鑿開地面全室管線重新更換,因為水管使用久了以後,會有老化破裂的疑慮,在轉彎處也容易積聚髒汙。

* **價格**

視漏水程度、施工難度、材料選擇以及施工時間而定。

* **施工步驟**

STEP 1 堵住漏水管

將原有漏水的管線完全封堵,防止漏水。

STEP 2　裝設新管線

以新管線取代原有管線,例如走明管。

天花板漏水來自上層樓浴室淋浴區,採排水管更新作業。圖片提供｜力口建築

裝修小知識

廚房水槽的排水管更換

廚房水槽的排水管通常和地板排水管匯集同一條汙水排水管,若是接地板排水管時建議「逆接」,就是刻意將地板排水管朝逆水流的方式銜接,可以預防汙水迴流。

監工驗收必知重點

1. 管線施作方式

走明管即捨棄原有管路,在牆面或天花板表面重新鋪設冷、熱水管,不再埋入牆內,可避免再次破壞牆面,並降低材料與工序複雜度。若需破壞原有牆體或地面,則會搭配防水塗層與磁磚等材料,進行修復與防水工程。

2. 冷熱水管的間距

冷熱水管應並排走線,且保持一定的間距,避免熱量傳遞影響冷水溫度。

3. 管線連接檢查

管線的連接是否牢固,對未來的漏水風險有直接影響。應仔細檢查每個管件的連接處,確認是否緊密,並查看是否有漏水現象。

Point 7 自陽台結構面建立防水法

* **適用範圍**

通常陽台牆壁或地板、外推牆 L 型交角處或角隅處漏水,以及鄰戶連續壁的漏水、壁癌問題,需重建結構面的防水層,才能根治。

* **價格**

拆除和防水工程皆以坪計價,行情約 NT$2,000 元／坪。

* **施工步驟**

> **STEP 1** 拆除至結構面

將原有的磁磚或油漆等表面材料完全拆除，直到看到結構 RC 牆面。防水層需要從結構面開始施作，這樣才能形成完整的包覆效果，因此必須徹底拆除至紅磚層，再進行防水施工。拆除和防水工程完成後，還需另行估算泥作費用，若包含打底貼磚大約為 NT$8,000 元／坪。

將陽台表面原有磁磚刨除。圖片提供｜力口建築

> **STEP 2** 在結構面塗覆第一道防水塗料

在結構粗糙面塗上黏著劑，接著使用彈性水泥等水泥基防水材料進行防水處理。

進行防水材施作前，施工面要打毛以增加接合力。圖片提供｜力口建築

> **裝修小知識**
>
> ### 打毛
> 又稱之為「抓貓」（台語），將壁面故意打成凹凸表面，為了讓後續磁磚或水泥砂漿附著力更好。一般深度不會很深，次於見底。

STEP 3 固定物安裝

當 EPOXY 硬化後，螺桿將被植筋膠完全包覆並固定在外牆結構上。此時可用螺帽固定招牌或看板等物品，並通過填補先前鑽孔的 EPOXY 來修補破壞的防水層。

注水檢查管線是否有滲漏情況，如有必定要更換。不用的排水管一定要確實封口。
圖片提供│力口建築

STEP 4 施作排水層

使用水泥砂漿進行底層處理，並製作洩水坡度，讓水能順利流向排水管。

STEP 5 塗覆第二道防水材料

在表面粉刷完成後,再塗覆第二道防水材料,如彈性水泥等。

防水層施作後要靜置待完全乾燥才能進行下個步驟。圖片提供│力口建築

STEP 6 試水測試防水效果

砌起臨時防水墩,進行試水測試,以檢查防水層的效果。

STEP 7 進行泥作與貼磚

確認防水層無漏水後,進行泥作打底並貼上新磚。

(左)在防水層上以水泥打底,保留粗糙面以利後續貼磚。(右)陽台地面貼木紋磚完成貌。圖片提供│力口建築

Point 8 安裝空調管線

＊ 適用範圍

空調排水管洩水坡度沒做好導致漏水。

＊ 價格

通常連工帶料計算，重拉冷氣排水管費用約為 NT$50 ～ 100 元／公尺，重拉冷媒管費用約 NT$350 ～ 550 元／公尺，如果冷媒管線過長，需要額外填充冷媒，價格約為 NT$1,000 ～ 2,000 元／次。

＊ 施工步驟

STEP 1　斷開電源並移除冷氣機

先關閉冷氣機的電源並拔掉插頭。接著將冷氣機拆卸，便於更換排水管。掛壁式冷氣機需卸下室內機；立式冷氣機則需移開機身。

STEP 2　檢查並拆卸舊排水管

找到冷氣機的排水管接口，拆卸舊的排水管。

STEP 3　測量和剪裁新排水管

根據冷氣機和排水口的位置，測量所需排水管的長度，確保新管長度適中。將新排水管剪裁至合適的長度。

STEP 4　安裝新排水管

將新排水管的一端連接到冷氣機的排水口，另一端導向排水處。確保排水管的洩水坡度適當，並用綁帶固定排水管，以防止脫落或移位。

STEP 5 使用止水膠封口

在排水管的接口處塗抹止水膠，以防漏水。讓止水膠完全乾燥後再繼續後續安裝。

STEP 6 檢查排水管通暢性

安裝新排水管後，使用水壺向排水管內倒水，檢查水流是否暢通。如發現堵塞情況，應立即處理。

STEP 7 重新安裝冷氣機

完成排水管更換後，將冷氣機重新安裝回原來的位置。掛壁式冷氣需安裝回室內機，立式冷氣需將機身放回原位。

STEP 8 開啟電源並測試冷氣機運行

重新接通電源，開啟冷氣機，檢查其運行狀況。同時觀察排水管是否有漏水現象。如一切正常，則表示排水管更換成功。

監工驗收必知重點

1. 安裝管線完一定要試水

確認管線是否順利排水，可以灌水方式測試洩水坡度，注入水約 1～2 分鐘後，沿線查看管線排水是否順利。

2. 排水管和空調交接處要鎖緊

可避免漏水發生，除了在排水管直接倒入水測試外，清潔完至少開機運轉 4～8 小時才能確認有無問題。

七 防水實例

這棟閒置超過 20 年的 40 年歷史透天住宅，由於屋頂防水層早已劣化，導致防水功能完全失效。二樓的 RC 平頂及壁面也出現嚴重壁癌。屋頂排水孔老舊，曾在一次大雨中積水，結果室內不斷滴水。屋主請來的師傅進行簡單的排水鑽洞處理，卻未解決根本問題，反而加劇了漏水情況。為了徹底解決漏水問題，必須找到漏水源頭，重新施作多道防水層，並加強排水系統。

BEFORE

Case 1

老舊屋頂經年未修，防水層老化、引發漏水問題

老屋屋頂因為防水層老化或是排水設計不當造成漏水。圖片提供｜力口建築

● 屋況檢視

1. 屋頂出現裂縫而產生漏水。
2. 二樓臥房的牆壁開始持續滲水,導致壁癌。

● 施工注意事項

1. 需釐清漏水源頭。
2. 需用多道防水保護,確保日後不會漏水。

解密除漏步驟

STEP 1　將壁癌剝除

屋頂與屋簷既有老化防水層、牆壁壁癌處及周圍皆剝除見底。

STEP 2　施作防水塗料

修補整平後施作防水塗料、抹後待乾再施作,如此反覆三次。

AFTER

屋頂需施作三道防水加強保護,避免後續漏水。圖片提供｜力口建築

常見問題 Q&A

Q1 家中漏水，若無法取得樓上配合或無法精準判斷漏水來源時，有什麼應變方式？

A：常見的做法是安裝「接水盤和排水管」，在天花板內設置鐵盤來接住滲水，並通過管道將水引導到指定的排放區域。這種方法可以暫時減少漏水對居住空間的損害，也有助於觀察滴水情況是否惡化。然而，這只是一種治標不治本的臨時措施，無法徹底解決問題，也不具有保固保障，後續仍需進行根本性的修繕。

Q2 發現天花板有漏水情況，是否可以要求樓上的住戶讓我進入他們的房間檢查地板是否漏水？

A：根據《公寓大廈管理條例》第六條第二款規定：「他住戶因維護、修繕專有部分、約定專用部分或設置管線，必須進入或使用其專有部分或約定專用部分時，不得拒絕。」若對方遲遲不出面處理，可以先請管委會寄發存證信函通知，然後報請主管機關（縣市政府工務局）做處置。但依據實務經驗，透過行政程序方式要花費不少時間，最好還是與屋主做直接的溝通，再做進一步修繕的處理。至於費用部分，同樣涉及責任歸屬的問題，對方是否願意分擔費用，建議彼此做好溝通。但若是漏水原因出在公共管線，則可以要求由管委會負責修復，以保障自己的權利。

Q3 老舊公寓屋頂若有水塔或水表,會造成漏水、滲進樓下天花板嗎?

A:會,且常被忽略。早期公寓多設有共用蓄水塔與集中式水表區,若未妥善維護,水塔防水層老化可能導致持續滲水,造成樓板吸水、鋼筋鏽蝕、樓下天花板剝落。即使加蓋鐵皮也無法從根本上解決,仍會破壞樓板結構。此外,水表管線區亦可能因接頭老化產生滲漏,需關閉水源後重新更換管線並補強防水層,才能有效解決問題。

Q4 樓上鄰居裝修時不慎破壞地板內的水管,導致天花板出現漏水情形,但他不願意修理,可以從我家的天花板來解決漏水問題嗎?

A:如果需要從下層樓處理漏水問題,常見的方法是使用「高壓灌注」,將防水劑注入漏水縫隙,也就是所謂的「打針」。由於防水劑具有高度膨脹性,注入後會順著縫隙自動擴展,填滿縫隙,達到止水效果。另一種方法是在表面塗上一層抗負壓防水塗料,形成防水膜。這種方式適用於壁癌處理階段,但若真有漏水問題,還是需要使用高壓灌注或徹底查明漏水源頭來根本解決問題。

Chapter 5

不論下雨與否，管道間都在滲水

插畫│黃雅方

管道間及公共管線屬於整棟建築物的公共空間，涵蓋室內外排水管、雨水排水管等。當發生漏水時，問題可能涵蓋不同樓層，加上管道間難以進入檢測，於是在抓漏上常有較大困難。解決這些問題的方法包含由具經驗的師傅抓漏、結合科技測漏精確定位漏水點。

一

漏水成因

管道間漏水通常與管線老化、接頭鬆脫、安裝問題、濕區防水層失效等因素有關，特別是在與浴室、廁所等濕區相鄰的牆面。若防水層破損，水分便容易滲入管道間，增加修繕難度。

Point 1　管線老化與接頭鬆脫

管線老化是漏水最常見的原因之一，因為管道材料會逐漸劣化，導致接頭鬆脫或管壁出現裂縫，頻繁的地震也可能誘發此現象。即使管道本身未破損，接合點的滲漏也會使水沿著管道滲透，最終可能造成整層樓的漏水問題。大樓衛浴緊鄰管道間，若是防水層破裂，漏水的狀況也有可能跟上述原因疊加，使得修繕排除越來越困難。

管線接合點的滲漏最後可能讓整層樓出現漏水問題。圖片提供｜翻你的老屋

Point 2　安裝問題與管材劣化

管道的安裝品質對漏水問題的發生有重要影響。建築物使用年限達 20～30 年後，原有的管材如白鐵熱水管常常因為長期使用而腐蝕，或因地震等外力因素造成管道鬆脫。即便是新更換的管道，如果安裝時空間狹小或壓接不良，也有可能在短短三年內發生滲漏，顯示安裝條件對管道耐用度的影響非常大。

Point 3　濕區牆面防水失效

管道間通常與廁所、浴室等濕區相鄰，若這些區域的防水層因老化、破損或邊緣未妥善處理，水分便會從交界處滲入管道間牆體，導致牆面滲水並引發壁體吸濕問題。

管道間與浴室相鄰，若此區防水層老化、破損或邊緣未妥善處理，易導致牆面滲水。圖片提供｜翻你的老屋

Point 4　舊管線殘留於牆內

在舊屋翻修過程中，部分未使用的舊管線可能未完全拆除，而是僅作封閉處理。若封閉處理不當，或與現有水路交錯或誤接，日後水管內壓力變化或材質老化可能會引起滲漏，成為牆體內難以檢測的漏水來源。

舊管線未拆除而封閉，可能因為處理不當造成滲漏。圖片提供｜翻你的老屋

Point 5　排水轉折點設計不當

在集合式排水系統中，二樓、三樓常是排水轉折處。若排水系統設計不佳，水壓集中或排水不順，這些轉折處便容易成為漏水的關鍵點。若未妥善設計或維護，甚至可能導致下方天花板出現滴水現象。

Point 6 | 施工不當

房屋使用一段時間後,管線配置可能會有所變更。例如,給水管可能被深埋於牆體內部,日後施工時可能會不小心損壞幹管或給水管,造成水從管內噴出。為了避免影響到鄰居的用水及造成滲漏問題,必須立即關閉水源。

若施工不當造成給水管破裂,會導致漏水。圖片提供│翻你的老屋

二　施工材料

處理管道間滲水時，常見的材料與施工方式包含管內修補與設置接水盤。若能明確判斷為管線問題，部分大樓會請科技抓漏廠商進行「管內修補」，但若管道長度過長或現場結構不利，此方法便難以施作。當滲水點難以確定或管道問題無法根治時，實務上多數處理方式會轉為「在樓下的轉折處裝設接水盤」，透過鐵盤接住漏水，再以導水管將水引導至可控的排水處。

三　施工費用

由於管道間屬隱蔽空間，無法以「每坪」或「每米」等單位計價，必須先進行抓漏與局部拆除確認。若僅以「接水盤＋導水管」處理作為暫時性方案，費用約 NT$2,000～10,000 之間。反之，若需更換管線、重作防水層與修復牆地面結構，施工範圍與工種增加，費用會顯著提高，約 NT$2,000～20,000。實務上，若進行全室翻修，處理管道間滲水常占去預算中不小比例，甚至可能超出原先預期，建議事前充分評估結構條件與鄰戶協調情況。

四
工期規劃

若僅處理室內牆面，一般包含鏟除、除鏽、補牆、防水塗層與油漆等程序，且每階段都需保留充分乾燥時間。遇現場濕氣重或連日降雨，也可能延誤工期，甚至影響防水層附著效果。

涉及外牆整修時需考量施工單位是否能搭設鷹架、外牆面積與施工層數，亦可能需調整施工順序或分段施作。此類工程常須社區內部溝通與協調，尤其若為公寓大樓，須確保外牆屬公共區域並獲得住戶共識，方可進行全面修繕。因此整體工期難以單一估算，需視現場狀況與協調進度彈性調整。

管線配置畫面。圖片提供｜雷克斯儀器

五 如何抓漏

Point 1　科技設備協助檢測

針對管道間滲水，傳統的抓漏方法如目視與潑水測試幾乎無效。因為管道間為封閉空間且人無法進入，導致即便開孔仍難以觀察或判斷滲水來源。因此，實務上會採用內視鏡、水分儀等科技設備協助檢測。舉例來說，有些管道間設有清潔孔，檢測人員會從樓上的清潔孔由上而下探查，或從滲水點開孔觀察，但若管道太長、轉折太多，內視鏡也可能無法取得有效畫面。

Point 2　根據經驗判讀

在實務經驗上，即使採用科技設備，因管道間構造複雜與水流路徑不易判斷，仍可能難以直接確認漏點，常需仰賴具有經驗的技師判讀，甚至進行局部拆除，驗證水流是否與推測一致。此外，有時候水從樓上管壁外流下，卻在轉折處或下層冒出，使得實際漏點與滲水點不一致，會增加誤判風險。若難以確認或費用超出預期，多數住戶會選擇不進一步拆除，而以接水盤作為應急方案。

管道間因為人無法進入，加上管線複雜，所以通常需要結合科技測漏和師傅經驗判斷找到漏水點。圖片提供｜翻你的老屋

PLUS 抓漏常見地雷區

地雷 1

浴廁旁的牆面壁癌，只需定期清除即可

插圖｜黃雅方

最佳做法

浴室旁牆壁的壁癌常與管線漏水有關，需進行詳細檢查

發生在浴廁外牆的壁癌，通常與浴廁水管破裂或漏水密切相關。即便面積較小，仍需徹底查明原因，並深入處理結構，重新施工防水工程。如果僅僅在表面塗抹防水塗料，不僅無法徹底止水防漏，還會讓壁癌問題愈發嚴重。

插圖｜黃雅方

六
防水對策

管道間漏水常以接水盤暫時避免繼續滲漏，或者以斷水工法等完全阻隔水分滲漏，避免日後仍有漏水情形。

Point 1　裝設接水盤與導水管

STEP 1　接住滲水
將從樓上滲出的水於下層轉折處集中接住。

STEP 2　水引至排水區
將水引導至指定的排水區域。

內容詳見 P107。

Point 2　斷水工法

STEP 1　拆除見底
拆除至 RC 結構層的水管埋藏處。

STEP 2　重鋪泥作
重新鋪設水泥覆蓋管線，並進行防水處理。

STEP 3 施作洩水坡度

浴缸施工，泥作工程需先完成浴缸的「立缸」作業，建議預留兩個排水孔，地面則需施作洩水坡度。

STEP 4 淋浴拉門施工

在乾濕分離的浴室中，將淋浴拉門的門檻嵌入地磚內部施工。

STEP 5 完成斷水層的施工

斷水層施工完成，進行磁磚鋪設。

內容詳見 P100。

Point 3 廚房、衛浴防水工法

STEP 1 用彈性水泥施作基礎防水層

彈性水泥可阻擋水分滲透，達到基礎防護的效果。

STEP 2 全面施作防水層

牆面依實際用水區域決定防水高度。

STEP 3 轉角處加強防水

廚房與浴室的轉角、牆角等區域，可加鋪不織布與玻璃纖維進行防水保護。

STEP 4 鋪設磁磚

磁磚鋪設磁磚本身也具防水性，因此浴室建議整室鋪設，尤其淋浴區務必鋪滿。

內容詳見 P103。

七
防水實例

此戶位於近 35 年的電梯大樓最高樓層,管道間終點位於大樓頂層露台,由於上方防水層失效,導致戶外雨水沿著管道間的管壁與周圍向下滲漏,使這戶頂樓戶客廳產生壁癌,處置方式為確實做好斷水措施,確保雨水不會由戶外引流至此間。

BEFORE

Case 1

大樓頂層管道間防水失效,雨水下滲到頂樓戶

管道間防水失效,雨水沿著管壁、周圍向下滲漏。 圖片提供｜翻你的老屋

● 屋況檢視

1. 位於衛浴隔壁的客廳牆面有壁癌。

2. 此案並非管道間的管線滲漏,而是有戶外水源直接進入管道間,所以不用做管線的更新及修繕。

● 施工注意事項

1. 以此案例而言,抓漏時拆天花板就可以看到管道間,所以不用從客廳拆到見管道間才能判斷漏水點,只要透過廁所上方即可看見。

解密除漏步驟

STEP 1　拆除廁所上方天花板檢查管道間漏水點
↓
STEP 2　頂層管道間外牆打見底
↓
STEP 3　牆面打底
↓
STEP 4　牆面第一層防水
↓
STEP 5　舖設磁磚

AFTER

做完防水層可以避免屋頂再次漏水滲透管道間。

圖片提供｜翻你的老屋

常見問題 Q&A

Q1 水壓過高會造成管道間滲水嗎？是否需要加裝減壓閥？

A：安裝減壓閥的主要目的是管理水壓，而非修補管線漏水。管道間的滲水問題，主要不是因為水壓過高，而是因為管線老化或銜接處已有細縫。當這些老舊管線長期處於高壓狀態，即使壓力穩定，水也可能從細小裂縫滲出，造成漏水。正常管線即使加壓也不應滲漏，因此關鍵在於管材本身的狀況。

有些人認為安裝減壓閥可以解決問題，但實際上無法根治老化導致的漏水。真正有效的處理方式，是找出漏水原因並進行實際的管線修復或更換，而非單純依賴減壓設備。

Q2 管道間漏水在抓漏過程上很困難的原因？

A：主要因為管道間通常位於封閉空間內，師傅僅依目視判斷很難一開始確定漏水原因。漏水可能源自浴室防水層失效、冷熱水管老舊、排水管因為別戶施工導致異物掉落或損壞，甚至有可能是透氣管漏水從屋頂滲入。由於管道間通常隱藏在天花板內，早期維修孔可能有存水彎，但並不一定開在管道間旁邊，這讓漏水源難以直接定位，所以要在管道間的位置去看清楚。

Q3 管道間漏水常見的維修糾紛？

A：管道間漏水常見的維修糾紛，通常源於公共管線屬於整棟建築物的公共空間。即便屋主有意處理漏水問題，但由於涉及到所有住戶的利益，並非每個住戶都願意配合修繕或共同分擔費用。這容易導致管委會與住戶之間推諉責任，甚至發生互踢皮球的情況。實際操作中，維修往往只能採取治標不治本的方式，無法根本解決問題。因此，購房者應特別注意這一點，並考慮到可能的維修糾紛風險。

Chapter 6

地面常有不明積水

插畫｜黃雅方

陽台和廚衛是常見的積水熱區,可能原因包括:外牆裂縫導致水滲入、牆角未施作防水層、管線破裂和洩水坡度設計不良等。因此注意牆面、管線維護、施工完善,可以幫助避免積水帶來的漏水困擾。

一
漏水成因

地面積水的原因通常與排水系統不良或防水層缺陷有關。這些情況會導致水無法順利排走，長時間積水會影響防水層，並造成滲水至下層樓層。

Point 1　陽台漏水

❶ 外牆因外力損壞

（1）無雨遮、有地震裂縫

若陽台位於迎風面且沒有雨遮，加上台灣地震頻繁使陽台產生裂縫，易讓雨水和濕氣積聚。特別是老舊房屋的外推陽台，經過多次地震後，結構牆與二次施工處的接縫或角落易損壞，導致漏水問題。

陽台位於迎風面，長期受濕氣影響，陽台女兒牆已風化並長滿青苔。攝影｜Amily

（2）招牌或釘敲造成毀損

某些陽台的裂縫源於人為因素，像是懸掛戶外招牌時，鑽孔或釘敲破壞了原有結構，導致防水層損壞。這會引發陽台內外的滲漏和潮濕，甚至把積水帶到下層樓層，影響鄰居。

❷ 早期施工缺失

（1）外推陽台交角處缺乏防水處理

早期外推陽台的結構，外推部位與 RC 結構牆的交角處通常容易成為漏水點。這是因為早期防水施工不完善或未使用有效的防水材料，隨著時間積累，交角處出現裂縫後，水分無論來自內部還是外部，都會造成滲漏問題。

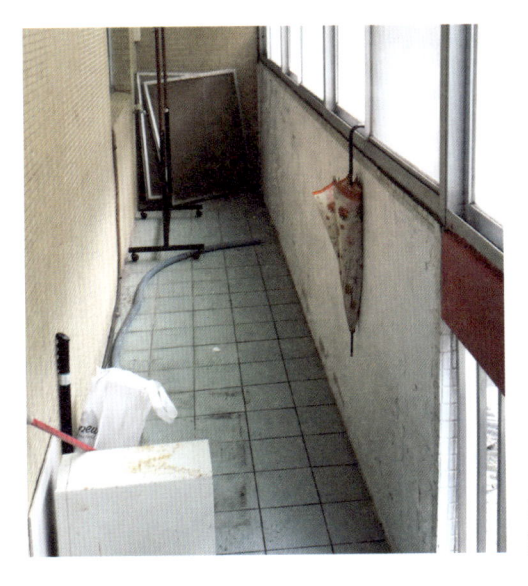

前後時期增建的接合處，如果施工不當，常常成為漏水的隱患。圖片提供｜力口建築

（2）上層住戶漏水引發滲水問題

有時陽台漏水是由上層住戶的漏水問題所引起，若上層的地板、廚房、浴室或陽台有漏水現象，會引發滲漏的連鎖效應。此時必須與上層住戶進行溝通協調，解決源頭問題，並由對方負責修繕費用。

❸ 陽台排水管出現問題

（1）洗衣機周邊漏水

若陽台地面漏水發生在洗衣機附近，通常是洗衣機連接的排水管堵塞或擁塞所引起。若不加以處理，長期積水會使陽台濕氣重，甚至影響整體排水系統。

（2）地面排水孔倒灌

這種情況通常出現在二樓陽台，原因可能是底層的排水管堵塞或不暢通，若不及時處理，最終會影響二樓住戶，造成陽台排水孔倒灌的問題。

共用排水管堵塞，造成二樓陽台的排水倒流。圖片提供｜力口建築

Point 2 浴室、廚房漏水

❶ 管線破裂

管線老化是漏水的主要原因之一，隨著管道材料的劣化，接頭可能鬆脫或管壁出現裂縫，頻繁的地震也可能加劇這種情況。即便管道本身無損，接合處的滲漏仍會引起水沿管道蔓延，最終可能導致整層樓漏水。若大樓衛浴旁的管道間防水層破裂，漏水問題可能會加劇，進一步增加修繕難度。

❷ 衛浴門檻和地面沒做好

衛浴地板若經常出現積水、造成空間潮濕不適，通常是因洩水坡度設計不良，讓水滲留在地面低窪處。此外，門檻的施工也是關鍵之一，漏水問題常發生在門檻與地面交接處，因此需特別留意不同材質地板與門檻之間的接合處理，避免水滲過門檻或滲入地板內部。尤其是木作門框的下緣，最容易因吸濕受損，在施工階段就必須預先做好防潮處理。

二
施工材料

若是屋頂層，會有打到見底重新施作和表面塗料的施作方式，材料包含聚腺材料或 PU 塗料。結構面修繕通常需有防水塗料、EPOXY，表面施作塗料的防水工法需有高壓灌注的發泡止漏劑、防水塗料等。衛浴防水工法需有彈性水泥、不織布及玻璃纖維加做防水層，最後加貼磁磚等。

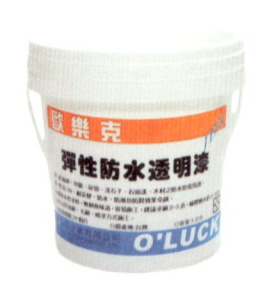

（左）彈性水泥是在貼磚前施作，施作完成後會形成防水保護層。圖片提供｜翻你的老屋
（右）彈性水泥有很好的耐候性、耐水性和彈性。圖片提供｜特力屋

三
施工費用

若是自結構面建立防水法，拆除和防水工程皆以坪計價，行情約 NT$2,000 ／坪。表面施作塗料防水工法，表面防水塗佈，連工帶料 NT$2,000 ／坪。

四
工期規劃

會有施工前（前置保護、申請等）、施工中（開始施工）、施工後（觀察齊及保固期），須配合大樓規定不能施工時間及避免降雨季節。

五 如何抓漏

Point 1 基礎目測法

❶ 觀察外牆裂縫

若外牆設有招牌或看板，可就近檢查是否有裂縫或釘孔，這些位是常見的漏水原因之一。

❷ 檢視陽台裂縫

可以觀察積水處或出現壁癌的位置附近是否有裂縫；若陽台地面鋪設了木格柵，也需檢查有無施工時留下的釘孔或敲擊痕跡，因為過深的釘鑿可能破壞原本的防水層，成為日後漏水的隱患。

❸ 審視窗框下緣

如果窗戶下方牆面出現積水與壁癌，且敲打窗框時傳出空心聲而非實心聲，通常表示窗框嵌縫不密實，是造成滲水的主要原因。

窗框砂漿塞縫不實，可能會造成滲水。圖片提供｜翻你的老屋

❹ 檢查浴室水痕

不明原因積水，通常需要有經驗豐富的技師進行判斷，甚至進行局部拆除驗證水流是否與預測一致。可以搭配科技偵測確認漏水來源。

Point 2 進階多元檢測法

❶ 用酸鹼試紙判斷水源

當陽台出現積水或滲漏時，可先使用酸鹼試紙測試水質。若顯示為鹼性，通常表示水是從結構牆滲出，因為水泥砂漿具鹼性；若結果偏中性或非鹼性，則可能是管線漏水或單純的積水問題。

❷ 放水測試

想確認陽台是否漏水，可直接用水管放水或人工倒水至排水孔，觀察是否有水滲至外牆，或樓下是否出現滴水現象，也可同步檢查排水是否順暢。

❸ 打開地排深入檢查管線

若陽台排水不良，簡單疏通後仍無法改善，就需要更進一步打開地排，檢查排水管是否有破裂或其他損壞。雖然這項檢查工程費時費工，但有助於徹底找出漏水的根本原因。

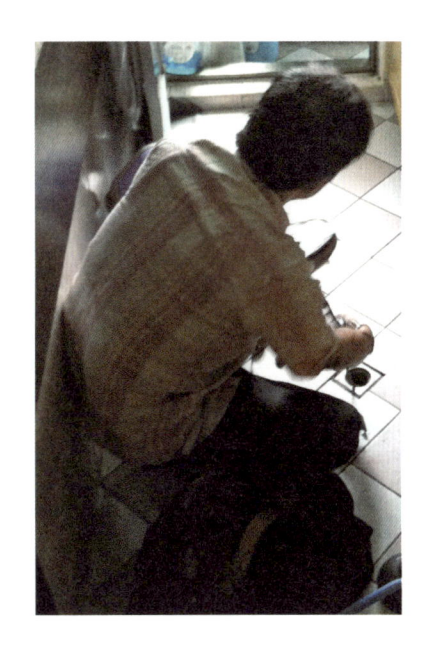

打開地排，檢查排水管是否堵塞是最根本的方式。攝影｜Nina

❹ 漏水測試

（1）觀察漏水的狀態
若下雨時發生漏水，可能是外牆或管道間的問題；若漏水不規則發生，則可能來自排水管；持續漏水則可能是冷熱水管出現裂縫。可以先觀察漏水情況，並將情況告知修繕師傅，幫助其更精確地判斷漏水原因。

（2）簡易測試排水管是否異常
不必等水電師傅，也能自行初步檢查排水管是否有滲漏狀況。只需用布暫時堵住廚房或浴室地排，讓地面蓄滿水後再放水，觀察排水是否順暢，或有無漏水情形，即可初步判斷排水系統是否正常。

防水工程由水電師傅完成後，可自行進行測試，確認排水管是否有漏水情形，以確保施工品質無虞。圖片提供｜朵卡室內設計

| PLUS | 抓漏常見地雷區 |

地雷 1

工人認為進行積水測試既耗時又增加開銷

工人說做積水測試花時間又多浪費錢

插圖｜黃雅方

最佳做法

只有經過積水測試驗證，才能確認防水工程確實完善、沒有疏漏

積水測試是驗收防水成效最直接且有效的方法之一，但因需花費至少兩天觀察時間，常被師傅以經驗保證或要求加收費用為由勸退屋主。然而，透過此測試能及早發現施工問題，一旦有滲漏也能迅速找出原因，遠比完工入住後才發現漏水來得及時且損失更小，也能有效降低後續爭議。為避免被額外收費，建議在談定工程內容與預算時，就明確將積水測試納入施作項目中。

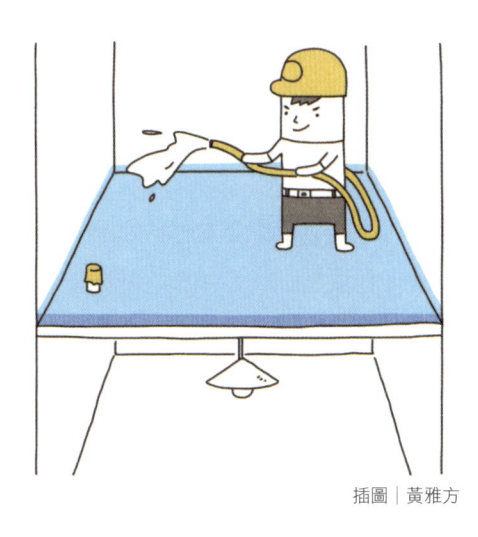

插圖｜黃雅方

六 防水對策

地面積水的處理，主要透過合理設計坡度、強化牆角處的防水層及施作適當的排水系統，可以有效減少積水問題，防止漏水和牆面受損。也需定期檢查防水層及排水系統，提早發現潛在問題。

Point 1　陽台自結構面建立防水法

STEP 1　拆至見底
將原有的磁磚或油漆等表面材料完全拆除，直到看到結構 RC 牆面。

STEP 2　第一道防水塗料
在結構面塗覆第一道防水塗料。

STEP 3　固定物安裝
用螺帽固定招牌或看板等物品，並通過填補先前鑽孔的 EPOXY 來修補破壞的防水層。

STEP 4　施作排水層
使用水泥砂漿進行底層處理，並製作洩水坡度，讓水能順利流向排水管。

STEP 5　塗覆第二道防水材料
在表面粉刷完成後，再塗覆第二道防水材料，如彈性水泥等。

STEP 6 試水測試防水效果

砌起臨時防水墩，進行試水測試，以檢查防水層的效果。

STEP 7 進行泥作與貼磚

確認防水層無漏水後，進行泥作打底並貼上新磚。

內容詳見 P110。

Point 2 表面施作塗料防水工法

* **適用範圍**

若已確定陽台僅有輕微的滲漏，如窗戶嵌縫不確實、表面磁磚破損或外牆釘孔裂縫造成滲漏等，可先從裂縫處初步進行防水補救，但僅為治標之法。

* **價格**

表面防水塗佈，連工帶料 NT$2,000 ／坪。

* **施工步驟**

STEP 1 高壓灌注止漏

針對裂縫或滲水點，以高壓灌注方式注入發泡型止漏劑，使其深入裂縫內部並完全填補孔隙，達到封堵效果。

STEP 2 塗佈防水塗料

接著塗抹防水塗料，需等第一層乾燥後再重複塗刷，通常需施作 2 至 3 層，以確保防水層均勻且完整。

監工驗收必知重點

1. 做好結構面前置處理,提升防水效果

結構面因為表面粗糙,塗防水材料前務必先刷一層黏著劑,讓孔隙填滿,才能幫助後續防水塗料緊密附著,發揮應有的防漏效果。

2. 牆角交接處防水要加強

若有打開地排並重整排水管時,連接牆面處應往上拆除約 20～30 公分,施工時可形成如碗公狀的防水包覆層,萬一牆面有水流下,也能有效導流與阻擋。

3. 陽台地面坡度要設計正確

為了讓水順利排出,陽台地面需施作適當的洩水坡度,建議排水口設在左右兩側較佳,若設在中央反而可能影響排水效率,遇大雨時容易積水,甚至造成滲漏。

4. 貼磚前設置防水墩試驗防水性

在完成防水施工後、尚未貼磚前,可砌一道臨時的防水墩,蓄水後觀察水位變化。兩三天內若水位僅微幅下降,屬正常蒸發;若下降明顯,則代表防水層可能有破損或滲漏問題。

5. 地面多一道防水層更有保障

當牆面完成第二道防水層並貼好磁磚後,地面在貼磚前再塗佈一次防水材料,也就是進行第三道防水,能更全面防堵未來滲水風險。

Point 3　浴室地面排水、防水

Tips 1 牆角邊緣提升角度，改善積水問題

在鋪設衛浴地板時，需以排水孔為最低點，由泥作師傅施作適當的洩水坡度，使水能自然流向排水孔。靠近門檻的地面應微微上升，引導水流遠離門口，降低水外溢的可能。地面與牆角交接處也可拉高弧度後順勢下滑，這種細緻作法可避免水滯留於邊角處。

（左）衛浴地面施工時，應以排水口為最低處，從四周牆面向排水口方向傾斜，施工完成後可使用水平尺檢查洩水坡度是否正確。（右）在以混凝土施作衛浴地面坡度時，地面越接近門口的區域應提高坡度，藉此引導水流回排水口，避免水流越過門檻溢出至外部。圖片提供｜朵卡室內設計

Tips 2 門口加設水泥墩,加強防水

在衛浴門口設置一道水泥墩,是有效防止水分外流的簡單且實用的措施。水泥墩的設置能夠有效阻擋水流進入其他空間,避免衛浴區的水氣外洩。根據外部地板材質的不同,可以選擇相應的防水方式,以達到最佳效果。

若外部地板為拋光石英磚或大理石,這些材料表面光滑且具有一定的吸水性,因此建議在門口設置水泥墩來防止底層吸水,從而避免造成地板的潮濕和水氣積聚。

若外部地板為磁磚,則可在門口使用水泥砂漿做出小弧度來提高地面,這樣的設置可以讓水流自動往外排放,並防止水滲透進入室內。這種方式不僅能夠保持衛浴區乾燥,還能有效避免水分滲入地板接縫或牆面,從而減少發霉或牆面受潮的風險。

如果室外鋪設的是木地板,則建議使用ㄇ字型門檻,這種設計能有效防止水氣通過水泥基底傳導至木板,進而保護木地板不受潮濕影響。木地板對水分的敏感性較高,若水氣長時間滲透,容易導致膨脹或變形,使用ㄇ字型門檻可以有效防止這一問題。

衛浴門口設置水泥墩,有助於阻擋水流外溢,防止水滲入室內空間。圖片提供│朵卡室內設計

Tips 3 局部修補門框,節省整修預算

若衛浴門框下緣已有受潮腐蝕的情況,確認不嚴重後,可選擇將受損部分截除,安裝新門檻中斷水路,達到防潮效果。這種做法可避免全面拆除與重做,節省整修費用與時間。

將受損的門框下緣裁切後,再安裝新的門檻,是一種相對簡單且實用的修補方法。圖片提供｜朵卡室內設計

七 防水實例

當露台與建築物的接縫處出現滲水情況時，需先在磁磚表面塗抹專用黏著劑，使其深入裂縫與孔隙中，封堵滲水路徑，接著再塗佈防水塗料，形成一道外層防護膜。之後可使用不鏽鋼製作止水墩的結構骨架，注意鋼板必須採用全焊接（非僅點焊），打造類似屋頂鋼構泳池的防水底層。最後將排水系統接妥，順利引導水流排出，避免露台吸水滲漏，徹底解決漏水問題。

BEFORE

Case 1

餐廳的露台漏水

交接處常是滲水的高風險區域，容易導致露台下方出現滴水問題。圖片提供｜力口建築

● 屋況檢視
1. 餐廳欲利用已外推的露台區域。
2. 但露台不斷有漏水的情形。

● 施工注意事項
1. 必須先確認漏水的位置，才能對症下藥、有效處理問題區域。
2. 建築外牆的磁磚表面也需施作第一層防水層，作為基本的防護措施。
3. 完成鋼構覆蓋的防水工程後，一定要進行放水測試，確認施工成效是否確實。

解密除漏步驟

STEP 1　確定漏水源頭
STEP 2　使用接著劑填補裂縫和孔洞
STEP 3　徹底塗佈防水材料
STEP 4　安裝不鏽鋼止水墩骨架
STEP 5　將不鏽鋼底座與止水墩骨架進行滿焊連接
STEP 6　安裝排水管並引導水流正確方向
STEP 7　進行後續表面裝修工作

AFTER

從牆角交接處延伸至露台上方，設置了止水墩與鋼板，形成一道完整的防水屏障。圖片提供｜力口建築

雖然現在已有多種防水材料可供選擇，但早期的防水技術與材料尚未成熟，像彈性水泥也是近幾十年才逐漸普及。因此，許多老屋原本就缺乏完善的防水層。再加上外推陽台屬於後加的二次工程，並非與主體結構一體成形，若當時防水施工不確實，隨著建物老化或經歷地震，容易在接縫處產生裂縫，進而引發滲水問題。

BEFORE

Case 2

外推後的陽台轉角處出現滲水現象

轉角處是常見的滲水熱區，通常是因早期防水處理不到位，為日後漏水埋下隱患。圖片提供｜力口建築

● 屋況檢視
1. 老屋的陽台早已經過外推改建。
2. 陽台轉角處出現明顯的嚴重滲水狀況。

● 施工注意事項
1. 趁著重新裝修的機會，從結構層開始施作防水工程。
2. 首要步驟是將磁磚拆除，直到露出與 RC 牆的接合處。
3. 只有從基礎重新建立防水層，才能徹底解決滲漏問題。

解密除漏步驟

STEP 1　施作三道防水工序

從結構層開始施作三道防水工序,並以不織布強化防護,改善原有結構條件不足的問題。

STEP 2　塗佈防水材料

均勻且完整地塗抹防水材料,確保防水層覆蓋無遺。

STEP 3　加強防水保護

在牆面與地面交接的轉角處貼上不織布,加強接縫區域的防水保護。

STEP 4　再次塗抹防水塗料

再次塗抹防水塗料,強化整體密合性與防水效果。

STEP 5　泥作打底

進行泥作打底處理,若不鋪設磁磚等表面材料,也可選擇直接進行水泥粉光。

STEP 6　貼上表面材

最後貼上表面材料,完成整體防水與裝修作業。

AFTER

施工時角隅處以不織布加強。圖片提供｜力口建築

常見問題 Q&A

Q1 買了一間二手屋,想請設計師或裝潢公司重新裝修,會破壞原先室內的防水層、造成積水嗎?

A:在進行室內裝修時,若涉及敲除牆面、地坪或變更空間格局,往往會破壞原有的防水層,進而需要重新施作防水,這類情況特別容易出現在廚房與浴室等用水頻繁的區域。此外,舊公寓若更換與戶外陽台相連的落地拉門,也常會破壞原本陽台與門框之間的防水處理,若未重新補強,就容易導致後續漏水問題。

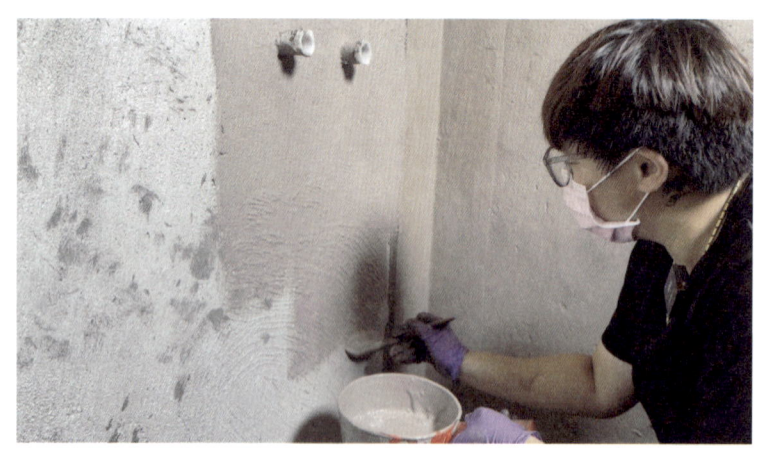

變更浴室格局需重新施作防水,避免日後有漏水問題。圖片提供|翻你的老屋

Q2 陽台、衛浴地板抓漏完成後，要怎麼驗收才能證明施工完成可付款？

A：不同的建築部位需要採用不同的驗收方法。例如，屋頂、陽台地面及浴室地板可透過蓄水測試來檢查防水效果，蓄水高度達標後做上記號，建議靜置觀察三到五天，查看水位是否有明顯下降，並觀察樓下住戶天花板是否有滲漏情形。排水明管與浴室管線則適合用倒水測試，藉此確認排水是否順暢及是否有漏水，建議測試三至五次以上以提高準確性。

至於埋在牆體或結構內的水管，以及外牆與內牆的防水效果，通常需經過一段時間觀察才能判斷是否成功止漏；而像窗框、冷氣孔、花台或雨遮等部位，往往需等下大雨時才能確認是否會漏水，因此難以立刻驗收。為保障權益，建議與施工單位簽訂保固合約或履約保證，公共工程通常保固三年，私人工程至少應有一年保固。

Q3 想在陽台做一個空中花園，正確防水步驟為何才能避免日後漏水？

A：有些植物生命力極強，根系生長特別旺盛，例如榕樹，就常出現「竄根」的情況，粗壯的根系甚至能穿透牆體。為了防止這類情形，需先施作防水層，再加上一層如水泥的覆蓋層，並進一步進行斷根處理，例如鋪設高拉力的斷根毯，再用瀝青將其固定，以徹底阻隔植物根部繼續延伸穿透。

Chapter 7
牆面油漆出現氣泡、鼓起

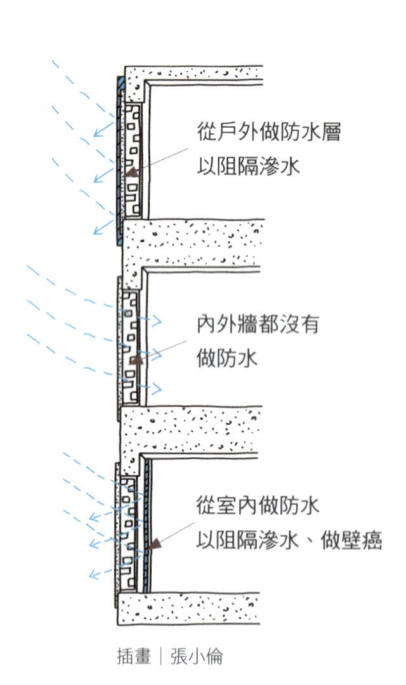

從戶外做防水層以阻隔滲水

內外牆都沒有做防水

從室內做防水以阻隔滲水、做壁癌

插畫｜張小倫

當牆面油漆出現氣泡或鼓起，往往是壁癌初現的徵兆。壁癌的根本原因可能來自牆體漏水，也可能是環境濕度過高或季節交替產生的反潮現象所引起。常見於浴廁背牆、臥室牆面或磚造外牆，一旦發生，不僅影響美觀，也會損害建材結構，需及早處理。

一
壁癌成因

當牆面出現剝落、鼓起、粉化，甚至伴隨白色結晶或霉斑時，就是出現壁癌的徵兆。這個現象的產生，是由於牆體內部長時間吸入水分或滲水，導致水泥砂漿內的鹽類化學物質，如鈣、鉀、鎂等，經由水分攜帶至牆面表層，進而與空氣中的二氧化碳產生反應，形成白色結晶體沉積於牆面表層，這便是常見的「白華」現象。若情況未能改善，這些鹽分不僅破壞牆體結構，更會因濕氣積存，引發霉菌滋生與建材膨脹。因此，壁癌一方面反映出外在防水機制的失效，另一方面也揭示了建材內部成分的長期反應與劣化過程。

Point 1　內在因素

❶ 通風不良
與居家通風狀況與濕度控制有關，若長期緊閉空間、不良通風，就算外牆無漏水，室內水氣仍可能附著牆面、造成發霉與壁癌。

❷ 反潮與冷凝水
一些地區因日夜溫差大或濕氣重，較常見反潮與冷凝水現象，再加上室內通風條件差，水氣不易排出，也會加劇牆體潮濕情形。壁癌會從發霉開始，進一步導致油漆隆起、剝落，空氣品質變差，成為顯著的居住問題。

❸ 材質特性

紅磚本身吸水率高，若磚材品質不良或未經適當處理，極易吸附濕氣與鹼性物質。另外，使用的水泥中游離石灰過多，這些成分容易隨水分遷移至表面並析出；施工中所用的沙若含鹽量偏高，則在濕氣影響下更易產生鹽類結晶。還有若建地地下水鹽分含量過高，則建材長期暴露於高鹽環境中也會加劇劣化。

磚塊吸濕性強，濕氣長時間滯留牆內，表層的水泥就會被水氣侵蝕而產生壁癌。圖片來源｜Unsplash.com

Point 2　外在因素

❶ 鄰近空間漏水、管線與防水失效

牆面鄰近濕區、樓上住戶漏水、接頭或管線破損、防水層失效等，都是常見導致壁癌的原因。

❷ 建築設計與施工品質

例如屋頂、外牆、窗框等部位的防水工程未做確實，或結構設計有集水、積水的死角，便會讓雨水、地下水或濕氣滲入牆體，加速上述部位的內部化學反應。長期下來，即使表面重新粉刷或貼磚，若未解決根本原因，壁癌仍會一再復發，形成無止盡的修繕困擾。

壁癌的出現不但會使水泥漆膨突，還可能導致水泥風化塌陷。圖片提供｜翻你的老屋

二 施工材料

處理壁癌時，一般流程會採用的材料包含：刮除壁癌處後，採用彈性水泥阻絕水氣，之後批土，以砂紙磨過，最後塗上抗霉功能的防水漆。

而使用的防水材料會依據施工部位而有所不同，但無論選擇哪一種，其根本目的都是為了阻擋水分滲入。因此，必須先從源頭解決防水問題，再從室內著手修復壁癌。目前最具效果的防水材料，是屬於水泥類型的「矽酸質系塗佈防水材」，俗稱滲透型防水材料，是日本建築學會唯一認可可從外牆內側進行防水的產品。至於市面上號稱能去除壁癌的各類塗料，由於本身無法有效防水，當然也無法真正根治壁癌，其效果通常有限、維持時間也不長。

三 施工費用

正確處理壁癌的方式，應從牆面打除至結構層，並在結構層重新施作防水層，接著進行水泥打底（俗稱粗底）與表面粉刷施工（不包含木作拆除或修復作業）。費用計算為：

1. 一般依照坪數計算的處理費用：
   - 牆面拆除：NT$1,500／坪
   - 防水層施作：NT$1,800／坪

- 水泥打底＋粉刷：約 NT$2,400／坪
- 牆面最終處理（油漆、壁紙或其他表面材料）則依實際項目另行報價

2. 若處理面積過小，會改以人工次數計算：
   - 牆面拆除：約 2 人次，約 NT$6,000
   - 清運廢料：約 NT$1,500
   - 防水施作：約 1 人次，約 NT$4,000（含防水材料）
   - 水泥打底＋粉刷：約 2 人次，約 NT$6,600（含水泥與沙）

另外，大多數廠商在工程結束後僅會處理大件垃圾並做基本清潔，若需由專業清潔人員進行全面打掃，建議事先與廠商說明並確認報價與安排。

四
工期規劃

若牆面僅有局部壁癌或霉斑問題，處理時間相對較短，簡單的空間整理與施工可在 1 天內完成；但若面積較大，則需進一步進行剔除、批土與打磨，工期可能需延長至 3～5 天。

假使原有牆面已出現掉漆、孔洞或破裂區塊，重新上漆前需特別注意表面平整度，處理過程中會產生如過篩麵粉般的細微粉塵，施工前需將室內物品清空或做妥善包覆。如果是單純局部修補，仍需做好防護，若為整面牆處理則影響更大。

完工後仍需觀察約兩至三週是否再次隆起或出現異狀，以確認防水效果。若屬於外牆或頂樓處的防水，則需等待一場足夠大的雨來觀察是否仍有滲水現象。雖可採灑水方式檢測，但較難模擬強降雨狀況，因此仍需透過實際氣候狀況確認。

五
如何抓漏

❶ 傳統測漏

目視觀察外牆是否出現剝落、裂痕的情況,若未觸及室內牆,代表可能未過於嚴重,水還未能直接滲透入室。若室內牆面開始出現水痕、表面有突起、粉化及剝片等情況,表示水很可能是從這些裂處穿過結構、再到牆面本身。

❷ 科技抓漏

與其他漏水處理相同,通常會由專業修繕師傅先進行目測,並委託專業團隊進行科技抓漏。這類抓漏會先確認是否為來自樓上、屋頂、外牆或管線的滲漏,並根據實際情況對應處理。若無法明確找出漏點來源,有些住戶會選擇用負壓方式,也就是直接在牆上塗佈防水漆,將水封在牆內。這種做法非標準程序,通常是在樓上查不到漏水點、或牆面已被櫃體遮蔽、無法拆除時會使用。

(左)壁癌的漏水點可以找有經驗的師傅目測且結合科技抓漏釐清處理方式。(右)找不到漏水點若直接在牆上塗佈防水漆,為治標不治本的方式。圖片提供/翻你的老屋

PLUS 抓漏常見地雷區

地雷 1

室內牆使用室外牆的防水塗料

室內牆使用室外牆的防水塗料

插圖｜黃雅方

最佳做法

選用適合室內、室外的防水塗料

水壓可分為正水壓和負水壓，室內外的防水塗料會根據這兩種水壓的特性來選擇不同的配方。例如，室外的防水塗料設計用來有效抵擋正水壓的侵入，防止水從外部進入；而室內的防水塗料則需要強化其抗負水壓的能力，形成一層防水膜在牆面上，有效阻止內部水分的滲透。這樣的設計能夠根據不同環境需求，提供最佳的防水效果。

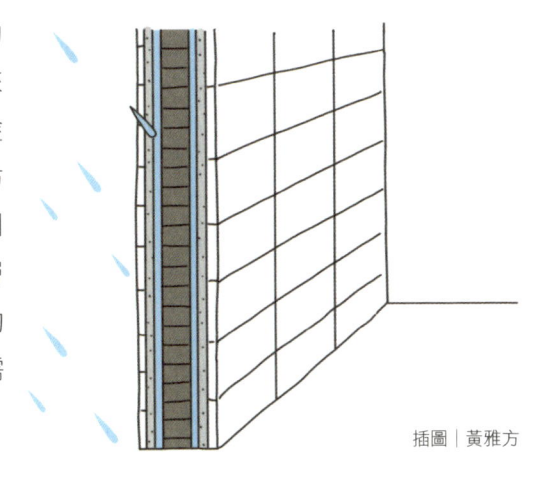

插圖｜黃雅方

167

六
除壁癌對策

Point 1　外側阻絕水分

* **適用範圍**

各種壁癌處理皆可以此方式。

* **價格**

根據現場情況和施工的難易程度決定。

* **施工步驟**

要徹底解決壁癌問題，根本的做法是從建築外側著手，阻絕水分滲入的來源，也就是進行外牆的防水工程。不過，在實際情況中，尤其是在都市中常見的五層樓磚造公寓，從外牆下手往往困難重重。

例如，如果四樓住戶的牆面出現壁癌，要處理外牆漏水問題，通常需要將外牆打除重新施作，這涉及公共空間的施工，必須取得整棟住戶的同意。然而，許多住戶對於敲牆、施工可能造成的噪音與風險有所顧慮，不願配合，導致工程無法進行。即便取得同意，還面臨另一個挑戰：外牆施工需要從地面搭建鷹架，而這又涉及一樓、二樓、三樓住戶是否願意讓鷹架架設在自家窗外，這一點往往更難取得共識。

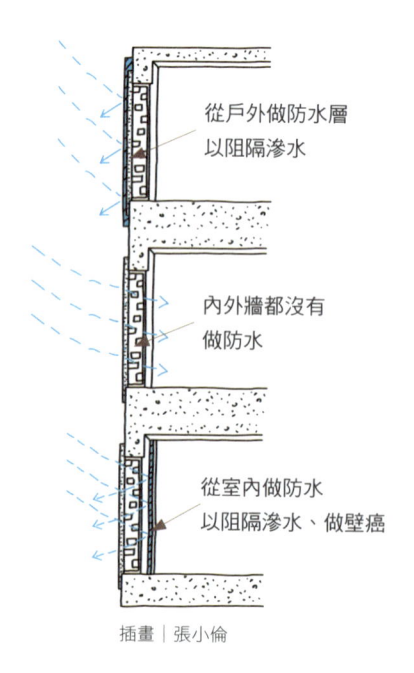

從戶外做防水層以阻隔滲水

內外牆都沒有做防水

從室內做防水以阻隔滲水、做壁癌

插畫｜張小倫

外牆防水與室內修繕同步進行，可改善壁癌狀況。

除此之外，戶外空間是否足夠進行鷹架搭建與工程施作，也是一大問題。都市住宅建築密度高，騎樓、巷弄空間狹小，讓外牆防水施工變得非常受限。正因如此，在無法從外部著手的情況下，處理壁癌就只能退而求其次，改從室內進行修復。

Point 2 | 室內施作防水層

＊ 適用範圍
室內壁癌的處理。

＊ 價格
根據現場情況和施工的難易程度決定。

＊ 施工步驟
室內修繕通常會在牆面已受潮的位置採取在牆面塗佈防水漆的「負壓防水」方式封水，阻絕水氣繼續滲入室內，並搭配刮除受損牆面、重作批土與重新粉刷。不過，這種從內部做起的處理方式，並非從源頭解決漏水問題。因為外牆仍持續受到雨水滲入，水分仍會殘留在牆體中，因此這類防水效果雖然能在短期內改善壁癌症狀，但整體效果與從外牆直接處理相比仍有落差。

儘管如此，當外部條件無法配合時，從室內進行防水仍是可行且實務上的解方，至少能有效減緩壁癌擴大、改善居住空間的品質與健康環境。最理想的做法仍是外牆防水與室內修繕同步進行，但在多數現實條件下，室內施作便成為最可行的替代方案。

在牆面塗佈防水漆需與外牆防水一同進行，才能有效杜絕壁癌。圖片提供／翻你的老屋

七
除壁癌實例

磚牆本身具高度吸水性，即使該牆面沒有給排水管線、也不靠近浴室或廁所，甚至沒有窗戶，仍可能因水泥縫隙吸入濕氣，導致牆面受潮進而產生壁癌。這類情況可透過局部修補來改善壁癌問題。

BEFORE

Case 1

沒有排水或給水管線，仍因水氣而產生壁癌

無給排水管經過，壁面明顯產生了壁癌狀況。攝影｜余佩樺

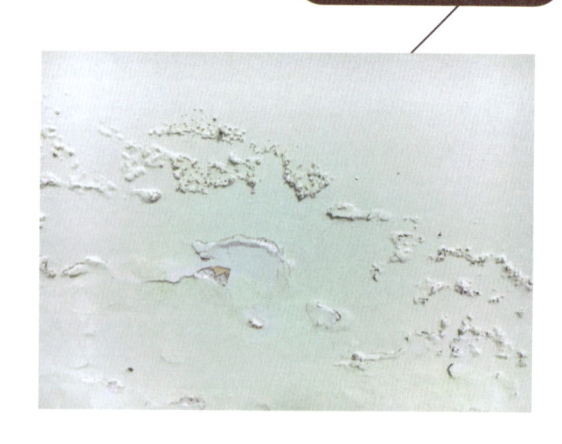

● **屋況檢視**
1. 牆體內部沒有管線，也未發現漏水情形。
2. 周遭環境濕氣較重。

● **施工注意事項**
1. 拆除表面材料，使內牆結構中的水分徹底釋放。
2. 確實重新施作防水層，強化防水效果，避免壁癌再次出現。

解密除漏步驟

STEP 1　拆除表面材，讓牆體自然乾燥

先將牆面出現水痕或壁癌的區域，以鑿牆工具拆除表面材，一直到露出紅磚基底。可觀察紅磚的色澤，顏色偏紅且濕潤代表水含量高。拆除後需靜置幾天，讓水分自然蒸發，等到磚色變淡、觸感乾燥後，才可進行下一步。

STEP 2　重新批抹水泥砂漿恢復牆面

待紅磚牆完全乾燥後，利用抹刀將水泥砂漿分層塗抹，包括打底層與粉光層，將牆面修補回原狀。

STEP 3　加上一層批土讓表面更平整

修補完成後，再以批土填補牆面不平整處，使整體表面更平滑整齊，為後續塗裝打底。

STEP 4　上漆完成表面修復

等水泥與批土完全乾燥後，選擇原牆面相同的塗料顏色進行粉刷，通常建議塗刷 2 至 3 層，讓牆面恢復原有的美觀樣貌。

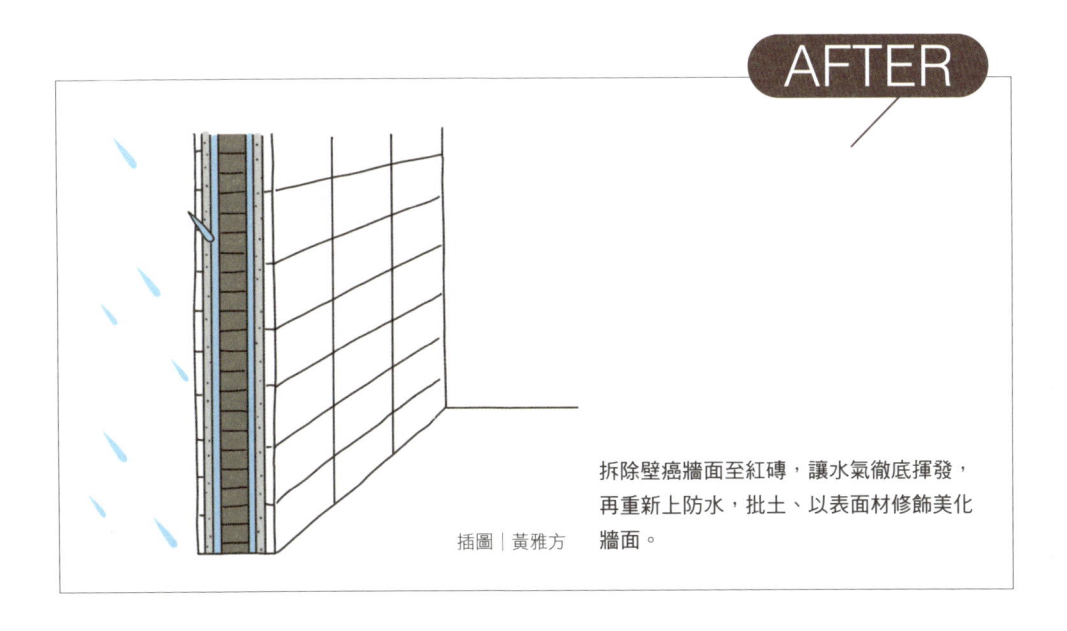

AFTER

拆除壁癌牆面至紅磚，讓水氣徹底揮發，再重新上防水，批土、以表面材修飾美化牆面。

插圖｜黃雅方

常見問題 Q&A

Q1 哪種類型的建築有可能會出現壁癌？

A：一般來說，超過九成五的壁癌問題都出現在磚造牆體上。這是因為磚塊本身具高度吸濕性，當濕氣長時間滯留在牆體內部，就會逐漸侵蝕表面的水泥塗層，導致壁癌產生。若是混凝土牆面出現壁癌，通常與灌漿過程不均勻有關，例如牆板未搗實形成蜂窩狀孔隙，或是模板施工時綁模用的鐵絲穿透牆體，再加上建築物因震動或承重產生裂縫，這些空隙都可能成為壁癌的溫床。不過，整體而言，壁癌仍以磚牆最為常見。若建築在外牆表面及進出水管周圍都有確實做好防水處理，基本上就能有效預防壁癌的發生。

Q2 想要除壁癌，要自己做還是請專業人員做？

A：壁癌因其容易擴散且不易根治，須從源頭滲水問題處理才能有效解決。初期面積小時可自行 DIY 處理，依「除霉、防水、抗鹼」三步驟進行：先刮除壁癌部位，塗抹彈性水泥阻隔水氣，再批土、磨平，最後上防水抗霉塗料，施工簡便且成本較低。但若牆面大範圍發霉變黑、自行處理仍反覆復發，則應請專業人員處理。專業修繕通常需打毛或敲至結構層，以提升防水材料附著力。切勿僅以壁板遮蓋，否則濕氣仍會持續侵蝕結構，造成更大損壞。

附錄一 防水工程報價與保固範本

案場基本資料

案場名稱：

工程地址：

聯絡人：

聯絡電話：

一、工程項目說明 —— 施工範圍

1. 拆除作業：拆除原有舊層、防水層、磁磚、水泥層，並清運，為後續防水層施作做準備。
2. 地面疏水處理：填補結構裂縫與接縫處，使用具透氣性的防水基材。
3. 防水塗佈第一道：使用具彈性與防裂特性的防水塗料塗佈。
4. 防水塗佈第二道：待第一道乾燥後，再次塗佈加強效果。
5. 女兒牆塗佈作業：清潔後依標準分別施作第一、二道塗佈。

二、屋頂防水工程報價（以下報價僅供參考）

項目內容	數量	單價（元/坪）	小計（元）
拆除與清運作業	15 坪	2,300	34,500
地面疏水與填補裂縫	15 坪	2,013	30,195
防水塗佈第一道	15 坪	2,013	30,195
防水塗佈第二道	10 坪	1,725	17,250
女兒牆塗佈第一道	5 坪	1,725	8,625
女兒牆塗佈第二道	5 坪	1,725	8,625
總計			NT$129,390

三、外牆防水工程報價（以下報價僅供參考）

項目內容	數量	單價（元/坪）	小計（元）
外牆防水工程（含1～4道工序）	2 面	20,700	41,400
總計			NT$41,400

四、保固條款 ⟶ 保固內容與期限

1. 保固期限：完工日起 2 年內，若因施工不良，或材料瑕疵造成漏水，由乙方無償修復。
2. 不在保固範圍：因天然災害、人為破壞、或後續施工損壞等非乙方因素所致。
3. 建議雙方簽署驗收單與保固書，保留照片與蓄水測試記錄。

五、蓄水測試與施工照片紀錄

1. 已進行 24 小時蓄水測試

測試起始時間：2025 年 5 月 10 日 10:00

測試結束時間：2025 年 5 月 11 日 10:00

檢核人員簽名：　　　　　　　（現場工班負責人）

2. 照片紀錄：
- 施工前現況照（附圖 A）
- 防水塗佈施工照（附圖 B）
- 蓄水測試進行照（附圖 C）
- 測試通過紀錄照（附圖 D）

※ 上述照片建議附於正式報告檔案之後頁。

六、雙方簽署確認

甲方（業主）：　　　　　　　簽章：＿＿＿＿＿＿＿＿

乙方（廠商）：　　　　　　　簽章：＿＿＿＿＿＿＿＿

合約簽訂日期：民國　　年　　月　　日

附錄二 本書諮詢設計師

翻你的老屋
力口建築
劉同育空間規劃有限公司
朵卡室內設計
優尼客空間設計

Solution 179

住宅漏水修繕完全攻略：
教你看懂現象、找對廠商、用對工法、選對材料，
到驗收不再白花錢一次搞定

作者｜i室設圈｜漂亮家居編輯部
責任編輯｜陳岱華
採訪編輯｜鄭碧君
插畫繪製｜黃雅方、張小倫
封面&版型設計｜楊意雯
美術設計｜Pearl

發行人｜何飛鵬
總經理｜李淑霞
社長｜林孟葦
總編輯｜張麗寶
叢書副總編輯｜許嘉芬
叢書副主編｜陳岱華
行銷助理｜范芷菱

國家圖書館出版品預行編目(CIP)資料

住宅漏水修繕完全攻略：教你看懂現象、
找對廠商、用對工法、選對材料，到驗收
不再白花錢一次搞定 / i室設圈｜漂亮家居
編輯部作. -- 初版. -- 臺北市：城邦文化事業
股份有限公司麥浩斯出版：英屬蓋曼群島
商家庭傳媒股份有限公司城邦分公司發行,
2025.06
面；公分. -- (Solution；179)
ISBN 978-626-7691-28-1(平裝)

1.CST: 建築物　2.CST: 防水

441.573　　　　　　　　　　　114004831

出　版｜城邦文化事業股份有限公司麥浩斯出版
地　址｜115台北市南港區昆陽街16號7樓
電　話｜02-2500-7578
Email｜cs@myhomelife.com.tw

發　行｜英屬蓋曼群島商家庭傳媒股份有限公司城邦分公司
地　址｜115 台北市南港區昆陽街16號5樓
讀者服務電話｜02-2500-7397；0800-033-866
讀者服務傳真｜02-2578-9337
訂購專線 0800-020-299（週一至週五上午09:30 ～ 12:00；下午13:30 ～17:00）
劃撥帳號｜1983-3516
劃撥戶名｜英屬蓋曼群島商家庭傳媒股份有限公司城邦分公司

香港發行｜城邦（香港）出版集團有限公司
地　址｜香港九龍九龍城土瓜灣道86號順聯工業大廈6樓A室
電　話｜852-2508-6231
傳　真｜852-2578-9337
E-mail｜hkcite@biznetvgator.com

馬新發行｜城邦（馬新）出版集團Cite(M) Sdn.Bhd.
地　址｜41, Jalan Radin Anum, Bandar Baru Sri Petaling,57000 Kuala Lumpur, Malaysia
電　話｜603-9056-3833
傳　真｜603-9057-6622

總經銷聯合發行股份有限公司
電話 02-2917-8022
傳真 02-2915-6275

製版印刷｜凱林彩印股份有限公司
版　次｜2025年6月初版一刷
定　價｜新台幣550元

Printed in Taiwan 著作權所有 翻印必究 （缺頁或破損請寄回更換）